草原害虫
绿色防控技术原理与方法

张泽华 涂雄兵 黄训兵 主编

中国农业科学技术出版社

图书在版编目（CIP）数据

草原害虫绿色防控技术原理与方法 / 张泽华，涂雄兵，黄训兵主编. --北京：中国农业科学技术出版社，2021.7

ISBN 978-7-5116-5379-6

Ⅰ.①草… Ⅱ.①张… ②涂… ③黄… Ⅲ.①草原—病虫害防治—无污染技术—中国 Ⅳ.①S812.6

中国版本图书馆 CIP 数据核字（2021）第 120666 号

责任编辑　姚　欢
责任校对　贾海霞
责任印制　姜义伟　王思文

出 版 者　中国农业科学技术出版社
　　　　　北京市中关村南大街12号　　邮编：100081
电　　话　（010）82106631（编辑室）（010）82109702（发行部）
　　　　　（010）82109709（读者服务部）
传　　真　（010）82106631
网　　址　http：// www.castp.cn
经 销 者　各地新华书店
印 刷 者　北京建宏印刷有限公司
开　　本　185 mm×260 mm　1/16
印　　张　9.5　　彩插12面
字　　数　224千字
版　　次　2021年7月第1版　　2021年7月第1次印刷
定　　价　80.00元

《草原害虫绿色防控技术原理与方法》

编委会

前　言

我国拥有天然草原$3.93 \times 10^8 hm^2$，占世界草原面积的12%，占国土面积的40.9%，为全国耕地面积的2.91倍，森林面积的1.89倍。草原不仅是畜牧业发展的重要生产资料，还在防风固沙、保持水土、涵养水源、调节气候、维护生物多样性等方面发挥着重要的生态功能。受全球气候变化的影响，突发性、暴发性草原害虫增多，加剧了草场退化、沙化、荒漠化，严重威胁我国草原畜牧业生产和生态安全。

经过70多年的发展，我国已经建立了较为完善的草原有害生物监测预警和防控技术体系，制订了一系列的调查规范、预测标准和防治技术规程，在机构建设、制度完善、技术研究等方面取得了长足进步。一是草原生物灾害监测预警和防治技术体系初步形成，基本建立了国家、省（自治区、直辖市）、地、县、村五级监测预警网络。二是规章制度不断完善，颁布了国家标准《草原蝗虫宜生区划分与监测技术导则》（GB/T 25875—2010）和农业行业标准《草原蝗虫调查规范》（NY/T 1578—2007），有效解决了我国草原害虫宜生区划分、实时预警的关键技术问题。三是技术研究稳步提高，"十二五"期间，在国家公益性行业科研专项等项目支持下，草原病虫草鼠害相关课题均有立项，资助金额达5 200万元，为草原生物灾害监测预警和防控研究提供了重要保障。截至目前，我国草原生物灾害防治已初步建立了以生物防治为主、生态治理和化学防治为辅的防控技术体系，其中草原虫害生物防治比例已经超过60%。这些工作为我国草原生物灾害绿色防控技术体系构建做出了突出贡献。

党的十八大以来，特别是2018年机构改革以来，草原生态功能得到党和国家领导人的高度重视，中央一号文件对草原生态文明建设进行了总体部署，将草原生态保护规划到建设美丽中国的宏伟蓝图中。草原生物灾害防治事关牧区发展、牧业转型和牧民增收，已成为新时期、新阶段各级政府工作的重中之重。因此，做好草原植保工作，坚持"预防为主，绿色防控，系统平衡，和谐共生"的新理念，坚持"生态与经济并重，生态优先"的治理策略，实现草原生物灾害绿色可持续防控是时代赋予新一代草原植保人的历史使命。本书在前人研究基础上，结合长期以来的实践工作，围绕草原害虫监测预警原理与方法、绿色防控技术和原理进行了系统总结，并对24种（类）主要害虫生物学特性、为害规律、防治技术进行了详细描述，可为从事相关研究的学者和草原植保人员提供理论和技术支撑。

本书得到了中国农业科学院国际农业科学计划（CAAS-ZDRW202108）、财政部和农业农村部：国家现代农业产业技术体系（CARS-34）、中国农业科学院基本科研业务费专项（Y2020YJ02）的支持。由于编写时间短促，加上编者水平有限，书中疏漏在所难免，敬请各位读者批评指正。

编者

2021年6月于北京

目　录

第一章　绪　论

【本章摘要】本章主要介绍了我国草原害虫的种类、分布、发生规律及防控现状；提出了现阶段我国草原害虫监测预警及防控中存在的主要问题，并探讨了解决对策；为进一步实现我国草原害虫的绿色可持续治理提供了思路。

草原生态系统十分脆弱，近年来，受气候异常、人类过度利用等因素影响，草原出现退化、沙化、荒漠化，退化的草原生态环境，更加适合害虫繁殖。同时，害虫频繁发生，加剧了草原生态环境退化，出现恶性循环。因此，控制害虫发生，对于保护草原生态环境、实现草原资源的可持续利用具有重要意义。

一、我国草原害虫发生与分布

依据《全国草原保护建设利用总体规划》和草原区域植被特征、草原害虫种类分布规律，结合当地害虫实际发生及为害现状进行划分，将我国草原害虫发生区划分成五大区域：①内蒙古自治区（以下简称内蒙古）中东部及周边草原害虫发生区；②内蒙古西部及陕甘宁草原害虫发生区；③新疆维吾尔自治区（以下简称新疆）山地草原害虫发生区；④青藏高寒草原害虫发生区；⑤南方草原害虫发生区。

1. 内蒙古中东部及周边草原害虫发生区

该区域主要包括内蒙古中部、东部，河北北部、山西北部和东北三省草原区，主要包括内蒙古呼伦贝尔市、兴安盟、通辽市、赤峰市、锡林郭勒盟、乌兰察布市、呼和浩特市和包头市；黑龙江省齐齐哈尔市、大庆市、绥化市和黑河市；吉林省白城市、松原市、四平市和延边朝鲜族自治州；辽宁省朝阳市、阜新市、锦州市和葫芦岛市；河北省张家口市、承德市、沧州市和邢台市；山西省大同市、朔州市、忻州市、晋中市和吕梁市。

该区域分布的草原害虫有蝗虫、草地螟、金龟子、叶甲类等。其中迁移性蝗虫有亚洲小车蝗，是为害内蒙古中东部的主要害虫，具备远距离迁飞能力；其他蝗虫俗称土蝗，包括黄胫小车蝗、李氏大足蝗、白边痂蝗、轮纹异痂蝗、黄胫异痂蝗、宽翅曲背蝗、鼓翅皱膝蝗、红翅皱膝蝗、宽须蚁蝗、狭翅雏蝗、小翅雏蝗、大垫尖翅蝗、毛足棒角蝗、短星翅蝗等。同时，草地螟、沙葱萤叶甲在该区域为害严重。

2. 内蒙古西部及陕甘宁草原害虫发生区

该区域主要包括内蒙古鄂尔多斯市、巴彦淖尔市、乌海市和阿拉善盟，陕西省榆林市、延安市、咸阳市、铜川市、渭南市和宝鸡市，宁夏回族自治区（以下简称宁夏）吴忠市、中卫市，甘肃省庆阳市、平凉市、天水市、定西市、临夏回族自治州、白银市、嘉峪关市、武威市、张掖市和金昌市。

该区域分布的草原害虫有亚洲小车蝗、黄胫小车蝗、李氏大足蝗、白边痂蝗、黄胫异痂蝗、宽翅曲背蝗、红翅皱膝蝗、宽须蚁蝗、狭翅雏蝗、小翅雏蝗、大垫尖翅蝗、毛足棒角蝗、短星翅蝗、意大利蝗，以及草原毛虫、盲蝽类、夜蛾类、毒蛾类、蚜虫类等；其中，土蝗类、草原毛虫、蚜虫为害严重。

3. 新疆山地草原害虫发生区

该区域分布的草原害虫有亚洲飞蝗、意大利蝗、黑腿星翅蝗、红胫戟纹蝗、牧草蝗、西伯利亚蝗、小垫尖翅蝗、伪星翅蝗、黑条小车蝗、朱腿痂蝗、小米纹蝗、旋跳蝗、束颈蝗、雏蝗、宽须蚁蝗、小翅曲背蝗、网翅蝗、牧草蝗，以及夜蛾类、盲蝽类等。其中，亚洲飞蝗、意大利蝗属迁移性害虫，经常大面积暴发，例如，亚洲飞蝗经常从哈萨克斯坦迁入我国为害。

4. 青藏高寒草原害虫发生区

该区域主要包括青海省、西藏自治区（以下简称西藏）、四川省西北部、甘肃省南部等地区。

该区域主要分布的草原害虫为宽翅曲背蝗、短星翅蝗、黑腿星翅蝗、轮纹异痂蝗、狭翅雏蝗、白纹雏蝗、红翅皱膝蝗、白边痂蝗、肃南短鼻蝗、李氏大足蝗、狭翅雏蝗、小翅雏蝗、毛足棒角蝗、大垫尖翅蝗、黄胫小车蝗、科剑角蝗、青海束颈蝗、丽王小屏蝗、环角蓝尾蝗、札达束颈蝗、西藏飞蝗、毗蝗、半翅雍蝗、红足雏背蝗、筱翅无声蝗、西藏盲蝗、日土缝隔蝗等。

5. 南方草原害虫发生区

该区域主要包括云贵高原、四川盆地、秦岭至淮河一线东南地区。

该区域主要草原害虫有蝗科、菱蝗科、蚤蝼科、蝼蛄科、螽斯科、蟋蟀科、蝽科、缘蝽科、龟蝽科、盲蝽科、长蝽科、飞虱科、叶蝉科、蚜科、管蓟马科、蓟马科、铁甲科、龟甲科、叶甲科、肖叶甲科、豆象科、芫菁科、象甲科、丽金龟科、花金龟科、螟蛾科、夜蛾科、菜蝶科、弄蝶科、粉蝶科、灰蝶科、潜蝇科等。

二、我国草原害虫为害现状

我国草原害虫主要包括蝗虫类、毛虫类、夜蛾类、叶甲类和草地螟，其中以草原蝗虫为害最为严重。特别是20世纪90年代末期至21世纪初，随着全球气候变化、草原退化、天敌减少和防控比例偏低，草原害虫连年高发的态势没有得到根本遏制。21世纪初，草原害虫发生面积2 000万hm²，严重为害面积超过800万hm²。2002年，内蒙古二连浩特市发生草原蝗灾，蝗虫铺天盖地，所到之处寸草皆无，最终飞入城镇，落满大街小巷，给广大农牧民生产和生活带来了严重影响。据统计，全国每年因草原害虫造成的年均鲜草损失约1 080万t，相当于1 850万只羊单位一年所需的饲草量。同时，草原害虫大面积发生，直接导致植被盖度大幅降低、表土裸露，水土流失，引起草原退化、沙化，生态环境遭到严重破坏，给国家生态安全、畜牧业生产和农牧民生活带来了严重威胁。因此，加强草原害虫的防治，对保护草原生态环境，促进我国农村牧区经济发展、社会和谐稳定，最终实现草原资源的永续利用具有长远的战略意义。

三、我国草原害虫防治进展

1978年，中央财政开始设立草原治虫灭鼠专项经费，农业部开始组织重点牧区开展草原害虫防治工作。20世纪70年代至80年代初，草原害虫防治工作开始使用化学农药，采用"哪里暴发、哪里撒药"的"灭火式"防治方法，基本处于应急式被动防治状态；80年代初到90年代后期，发展为"撒网式"防治，防治技术有所提高，防控面积也有所扩大。20世纪90年代后期，人们开始注重环保意识，草原害虫防控技术开始由单一的化学防治向"生物防治为主、化学防治为辅"的综合防控模式转变。2002年国务院印发《关于加强草原保护与建设的若干意见》，提出"要加大草原鼠虫害防治力度，加强鼠虫害预测预报，制定鼠虫害防治预案，采取生物、物理、化学等综合防治措施，减轻草原鼠虫为害"。21世纪初，随着防控工作深入开展，草原害虫防控工作开始由单一追求防效向防效与环保并重的"绿色植保"理念转变，由单纯依靠政府履行职能，向部门间强化协调的"公共植保"理念转变，由被动防控向监测预警、快速反应、综合防控相结合的"科学防治"转变。随着草原害虫防控思想的转变，全国草原害虫防治的序幕拉开，高等院校、科研院所、草原技术推广部门实施"公共植保、绿色植保"的理念不断加强，草原害虫防控综合配套技术不断提高，草原害虫防控工作取得了积极进展。

我国从事草原生物灾害研究的单位主要有中国农业科学院植物保护研究所、中国科学院动物研究所、中国农业科学院草原研究所、中国科学院西北高原生物研究所、宁夏农林科学院植物保护研究所、西藏自治区农牧科学院植物保护研究所、中国农业大学、西北农林科技大学、内蒙古农业大学、四川大学、沈阳农业大学、甘肃农业大学、新疆农业大学、新疆师范大学、青海大学、兰州大学、西北大学、四川草业科学研究院、南京农业大学、四川农业大学、西南大学、宁夏大学等20余个，研究人员400余人；截至

2016年，全国县级以上草原技术推广机构1 245个，人员1.2万人。其中，从事草原害虫的研究人员有100余人。

近年来，研究人员对草原蝗虫、草地螟、草原毛虫、沙葱萤叶甲、草地蒿象甲、沙蒿金叶甲、巨膜长蝽等主要害虫种类的分布、发生规律、监测预警、综合防控等进行了科学研究，初步掌握了主要害虫种类的发生规律和防控方法。在全国已经建立起"国家—省—地—县—村"五级监测预警网络体系，运行机制通畅，防控技术队伍基本建立，建设草原害虫固定监测点353个。除基础设施外，应急防控能力逐渐提高，草原害虫防治技术试验示范全面开展，生物防治、物理防治、生态调控、绿色防控等配套技术广泛应用。特别是绿僵菌、白僵菌、蝗虫微孢子虫等生物制剂的使用，防控效果好，环境污染少，持续控制时间长；印楝素、苦参碱、烟碱苦参碱等植物源农药的使用，可快速控制害虫；"'飞机+机械+牧鸡'三机（鸡）联动防控""大型机械+生物制剂+植物源农药""人工招引粉红椋鸟+牧鸡、牧鸭"等综合防控模式全面推开；相关防治技术日渐成熟，防治面积逐年扩大，生物防治比例由2002年的15.4%提高到现阶段的60%，取得了积极进展。

四、我国草原害虫监测与防控存在的问题

经过70多年的发展，我国已经建立了较为完善的草原害虫监测预警和防控技术体系，建立了一系列的调查规范、预测标准和防治技术规程，在机构建设、制度完善、技术研究等方面取得了长足的进步。但是，现阶段仍然存在"年年防治，年年成灾"的被动局面，特别是在一些老少边穷地区，草原植保工作仍面临极大的挑战。

目前，我国在草原害虫监测预警与防控方面仍然存在一些技术瓶颈。一是精准预测技术需要进一步提高。当前，我国草原害虫中长期预测还存在不确定性，短期预测准确性有待提高，在地理信息系统、全球定位系统等信息技术和计算机网络技术的研究应用等方面，有提高草原害虫种群监测和预测能力的巨大潜力，但是如何应用于实际监测仍有较大距离。同时，全球气候变化加剧了草原虫害暴发频率。现阶段"年年防治、年年成灾"与气候变化关系密切，例如，草原蝗虫、草地螟等主要害虫暴发频次增加，亚洲飞蝗、亚洲小车蝗、西藏飞蝗等迁飞性害虫为害加重，一些次要害虫如沙葱萤叶甲、巨膜长蝽上升为主要害虫，并经常性迁入农田为害。二是国际贸易增加了有害生物入侵风险。在"一带一路"国际倡议背景下，国际间贸易往来加剧了草原有害生物入侵风险，特别是在边境地区，给我国草原畜牧业生产造成很大威胁。例如，蒙古国草原蝗虫迁入内蒙古为害、哈萨克斯坦亚洲飞蝗迁入新疆为害，造成草原退化、沙化，沙尘暴四起，严重威胁我国粮食生产安全和生态安全。三是亟须加大高效防控产品研发力度。现阶段我国在防治草原害虫的生物制剂、环境友好型药剂开发等方面取得了一定进展，但防治

效果有待提高，针对不同草原害虫的特异性、专一性有待进一步研究，生物防治技术、生态调控技术具有巨大的发展空间。四是加快精准高效施药机械研发与配套。目前，飞机防治、大型机械等已被大面积推广应用，具有控制面积大、用时短、效率高、效果好的优点。但是如何引进先进的导航技术校正飞行偏差、提高飞行作业精度仍需进一步加强。同时，如何保证不同剂型的喷施效果和着药量仍需加强研究。五是人才短缺。现阶段，全国从事草原害虫研究的机构和人员偏少，需加强人员队伍建设。

五、我国草原害虫防控思想与对策

1. 防控思想

"创新、协调、绿色、开放、共享"和"科学植保、公共植保、绿色植保"是我国草原害虫防控的思想和理念。草原科技工作者要认真贯彻实施《中华人民共和国草原法》，依据《全国草原保护建设利用总体规划》《全国牧区草原防灾减灾工程规划》，坚持"预防为主、综合防治"的方针，统筹规划、突出重点、分步实施。2011年，全国牧区工作会议和《国务院关于促进牧区又好又快发展的若干意见》（国发〔2011〕17号），明确了草原牧区发展必须坚持"生产生态有机结合、生态优先"的基本方针。2015年5月，《中共中央 国务院关于加快推进生态文明建设的意见》，进一步提出了草原生态建设的具体要求和明确目标。党的十八大以来，在习近平新时代中国特色社会主义思想指导下，要求全面加强生态文明建设，为草原植保工作提出了目标和方向。

（1）科学植保 优化集成生物防治、物理防治、化学防治、生态治理等防控措施，积极引进高效、低毒、低残留农药和精准施药技术，做好技术指导，提升专业素养，做到合理用药、安全用药、科学用药。

（2）公共植保 要把草原害虫防控工作作为畜牧业和牧区公共事业的重要组成部分，突出其社会管理和公共服务职能，政府、技术推广部门、公司、农牧户应各司其职，各负其责，认真支持和发展草原害虫防控工作。

（3）绿色植保 要把草原害虫防控工作作为人与自然和谐系统的重要组成部分，突出运用绿色防控技术和应用先进施药机械及科学施药技术，防范外来有害生物入侵和传播，保障和支撑高产、优质、高效、生态、安全的农牧业。

（4）和谐植保 要处理好草原害虫防控工作措施与自然界的和谐友好，既要认真做好草原植保工作社会系统的和谐，也要确保防控措施与自然生态系统的和谐，在全社会倡导和谐植保，建设和谐社会。

（5）统筹规划、分类指导 从草原害虫的生态学特性出发，着眼于草原生态环境的整体改善和牧区经济可持续发展，因地制宜，统筹规划，因灾设防，分区施策，确定重点防治区域、防治对象，科学制定防治措施。

（6）强化监测、科学预警　加强国家—自治区—市（盟、州）—旗（县、区）—农牧民测报员五级草原害虫监测预警体系建设，提高草原害虫监测预警能力，提高准确率和实效性，为防治决策提供可靠的依据。

（7）突出重点、集中连片　在统筹规划的前提下，力求突出重点，分步实施，集中连片，集中人力、物力和财力优先治理草原害虫重灾区和频发区，从整体上有效控制害虫的扩散蔓延，达到控制灾害的目的。

（8）强化技术、统防统治　优化集成现有生物、物理、天敌、生态等绿色防控技术，认真做好新药剂、新技术试验示范，积极引进、改进、完善大型喷雾（投饵、防除）机械和飞防技术，提高统防统治的能力和水平。

（9）标本兼治、持续控制　同退牧还草、京津风沙源治理等生态项目及禁牧休牧、围栏封育、草地改良等生态措施结合起来，从根本上改善适宜害虫滋生的环境，巩固防治成果，实现草原害虫可持续治理。

2. 防控对策

在"预防为主，综合防治"方针指导下，根据草原地区实际情况，提出草原害虫防控综合配套技术路线，运用生态系统平衡原理对草原害虫防控进行技术设计，划分害虫常发区和重发区，建立健全监测预警体系，推广生物制剂、植物源农药、天敌防控、围栏封育、草地改良等技术，使草原害虫长期控制在经济阈值以下，实现害虫可持续治理，保障生态平衡和安全，最终达到人与自然的和谐相处（图1-1）。建设草原害虫研究中心、实验室、实验站和研发平台，建立示范基地和技术人才培养基地，开展草原害虫基础研究、监测与防治关键技术集成及其应用研究；基本建立起全国草原害虫监测预警网络，覆盖重点地市、县，完善基础设施、物资保障以及专业化统防统治队伍，大幅提升牧区草原害虫的预测预报与应急防治能力；草原害虫长期、中期、短期预报准确率分别提高到80%、85%和90%以上，草原虫害应急防治能力提高到每天33.3万 hm²（500万亩），年防治面积保持在1 333.3万 hm²（2亿亩）水平，绿色防控面积提高到666.7万 hm²（1亿亩）左右，绿色防控比例提高到75%以上。

到2030年，全面建立全国草原害虫监测预警网络，完成重点害虫发生区域的专业化统防统治队伍建设，增加投入、完善基础设施，实现科研、防治岗位专业人才全覆盖，使草原害虫预报准确率达到95%以上，草原害虫防治比例提高到70%以上，其中专业化统防统治比例提高到90%以上，使我国草原害虫防治与控制水平接近或达到国际先进水平。

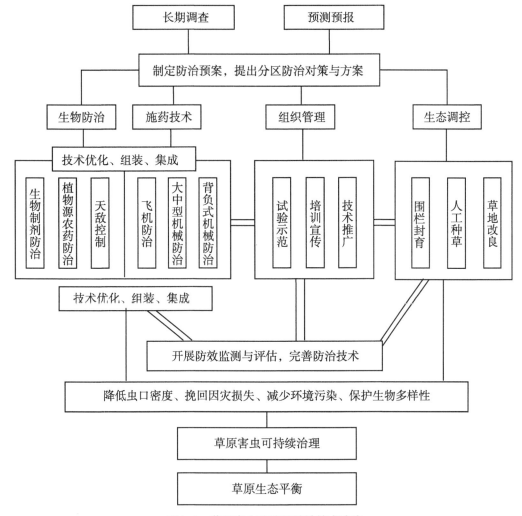

图1-1 草原害虫可持续防控技术路线

六、保障措施

1. 加大资金投入力度，确保草原害虫防治工作顺利进行

目前，我国在草原害虫防治工作上的投入力度虽逐年增加，但仍然存在"年年防治，年年发生"的现象，特别是在一些老少边穷地区尤为突出。究其原因，主要是由于基础设施条件差、人才短缺、技术创新动力不足等问题突出。因此，亟须加大资金投入力度，确保草原害虫防治工作顺利开展。

2. 加强组织领导，狠抓措施落实

草原害虫防控工作已由部门行为上升为政府行为，是一条重要的成功经验。今后，要充分发挥组织领导的重要作用，进一步建立健全草原害虫防控指挥机构，明确成员

单位职责，落实属地管理责任，周密安排部署，狠抓措施落实，确保做到防前准备充分，防中措施得力，防后成效显著，确保防控工作有力有序有效开展，将为害损失降到最低。

3. 加强扶持引导，助推转型升级

各地要积极探索推进草原害虫专业化防治服务队建设工作，显著提高防控效果和工作效率，要争取各级政府部门支持，继续积极探索适合本地实际需要的专业化防控模式，各级草原保护建设技术推广机构要建章立制，规范草原害虫专业化防控行为；推进统防统治、联防联控、群防群控等形式，避免出现防控死角，有效促进草原害虫防控工作完善升级。

4. 加大培训力度，提高专业水平

各地要利用室内培训班、现场培训、发放手册（明白纸）、播放录像、电视宣传、网络宣传、报纸宣传等方法，进一步加大对县级草原植保人员、村级农牧民测报员及农牧民群众的培训力度，提高专业技术水平，为防控工作奠定扎实的专业基础。

5. 加大宣传力度，营造良好氛围

草原害虫防控工作涉及农业、财政、交通、公安、航空及气象等多个部门，需要通过各种现代媒体广泛宣传，通过宣传要让广大干部群众理解和认识草原害虫防控的重要性，要让"公共植保、绿色植保"的理念深入人心，营造全社会关注和支持草原害虫防控的良好社会氛围。

【本章结语】

草原害虫是重要的生物灾害，需要做好监测预警和绿色防控工作。要始终坚持"创新、协调、绿色、开放、共享"和"科学植保、公共植保、绿色植保"的防控理念，认真贯彻实施《中华人民共和国草原法》，依据《全国草原保护建设利用总体规划》《全国牧区草原防灾减灾工程规划》《农作物病虫害防治条例》，坚持"预防为主、综合防治"的方针，统筹规划、突出重点、分步实施，加大科学研究力度，做好可持续防控技术研发，做好科学管理，维持草原生态稳定，保障生态安全，实现人与自然和谐共生。

第二章　草原害虫监测预警原理与方法

【本章摘要】

本章围绕草原害虫监测预警原理与方法，详细介绍了生态因子（温度、光照、湿度、食物、风场）与害虫发生的关系；概述了昆虫种群的空间分布及抽样调查方法，全球气候变化背景下基于水域、植物和等积温区的发生区域预测，基于改进有效积温法则的发生期预测，基于种群动态分析的发生量预测；简要介绍了"3S"技术应用于重大迁飞性害虫和重大检疫性害虫预测预报的原理与方法，以及我国草原害虫测报体系及标准化建设情况。

【名词解释】

生态因子：指环境中对生物个体或群体的生活或分布有影响作用的因素。

生态位：指一个种群在生态系统中，在时间、空间上所占据的位置及其与相关种群之间的功能关系与作用。

竞争排斥原理：指两个物种不能同时，或者是不能长时间地在同一个生态位生存。因为两者之间会展开竞争，导致其中的一方获胜，可以留在原来的生态位继续生存。另一方为了继续生存，会改变自己的栖境，或者改变生活习性，进化适应以维持生存。

协同进化：指两个相互作用的物种在进化过程中发展的相互适应的共同进化。

表型可塑性：指同一基因型受环境的不同影响而产生的不同表型，是生物对环境的一种适应方式。

空间异质性：指生态学过程和格局在空间分布上的不均匀性及其复杂性，一般可以理解为空间的斑块性和梯度的总和。

"3S"技术：指遥感技术（remote sensing，RS）、地理信息系统（geography information system，GIS）和全球定位系统（global positioning system，GPS）的统称，是空间技术、传感器技术、卫星定位与导航技术和计算机技术、通信技术相结合，多学科高度集成对空间信息进行采集、处理、管理、分析、表达、传播和应用的现代信息技术。

第一节　生态因子与昆虫

一、影响昆虫的生态因子

作为地球生态系统数量巨大的生物群体，昆虫生长发育离不开环境。其中，生态系统中对昆虫有影响的各种因素总称为生态因子。常直接作用于个体和群体，主要影响个体生存和繁殖、种群分布和数量、群落结构和功能等。在草原生态系统中，各个生态因子不仅本身起作用，而且相互发生作用。

影响草原害虫发生的生态因子通常可分为生物因子（biotic factor）和非生物因子（abiotic factor）。非生物因子又被称为环境因子，包括温度、光照、湿度、风场等；而生物因子则主要包括寄主植物，其他昆虫或同种昆虫的其他个体，捕食性或寄生性天敌和病原微生物等。

二、生态因子的作用特点

生态因子对昆虫作用的特点主要包括综合作用、主导因子作用、不可替代性和互补性、阶段性、直接因素及间接因素。

1. 综合作用

在生态环境中，一个因子的缺失不能由另一个因子来代替，昆虫也无法完成生长发育的全部过程，这就是生态因子的综合作用。每一个生态因子都与其他因子相互影响，只有各种生态因子配合在一起才能发挥作用，任何因子的变化都会在不同程度上引起其他因子的变化。

2. 主导因子作用

在一定条件下起综合作用的诸多环境因子中，有一个或几个对昆虫起决定性的生态因子，称为主导因子。主导因子发生变化会引起其他因子也发生变化。如蝗虫滞育受光周期、温度、食物等多种因子影响，但通常光周期起决定性作用。

3. 不可替代性和互补性

环境中各种生态因子对昆虫的作用虽然不尽相同，但都各具有重要性，尤其是作为主导因子的因子，如果缺少，便会影响昆虫的正常生长发育，甚至造成其生病或死亡。所以从总体上来说生态因子是不可替代的，但是局部是能补偿的。例如，在某一由多个生态因子综合作用的过程中，某因子量不足，可以由其他因子来补偿，以获得相似的生态效应。生态因子的补偿作用只能在一定范围内进行部分补偿，而不能以一个因子来代替另一个因子，且因子之间的补偿作用也不是经常存在的。

4. 阶段性

昆虫生长发育不同阶段对生态因子的要求不同，因此，生态因子的作用也具有阶段性，这种阶段性是由生态环境的规律性变化所造成的。

5. 直接因素与间接因素

依据生态因子与昆虫的相互作用可将生物因子分为直接因素和间接因素两种类型，区分其作用方式对认识昆虫的生殖、发育、繁殖及分布都很重要。环境中地形因子，其起伏程度、坡向、坡度、海拔高度及经纬度等对昆虫的作用是直接的，但是它们也能够影响光照、温度、雨水等因子的分布，因而对昆虫产生的作用则是间接作用；而这些地方的光照、温度、水分状况则对昆虫类型、生长和分布起直接的作用。

三、生态因子的一般作用规律

1. 利比希"最小因子定律"

该定律是19世纪由德国农业化学家利比希首次提出的，他是研究各种因子对生物生长影响的先驱。1840年，他首次提出了"植物的生长取决于那些处于最少量状态的营养元素"。其基本内容是：低于某种生物需要的最少量的任何特定因子，是决定该种生物生存和分布的根本因素。因此，后人便将这一定律称为利比希"最小因子定律"。

2. 谢尔福德"耐受性定律"

谢尔福德进一步发展了利比希"最小因子定律"，认为不仅因子处于最小量时可成为限制因子，因子过量（如过高温度、光强、水分）也有可能成为限制因子。由此，根据昆虫对环境因子的耐受能力和生态位的宽广程度，可分为广温性昆虫或狭温性昆虫、广食性昆虫或狭食性昆虫等。根据昆虫对环境温度的耐受性不同，可划分几个温度区域，包括致死高温区、亚致死高温区、适温区、亚致死低温区、致死低温区。

3. 限制性因子

昆虫的生长发育依赖于各种环境因子的综合作用。在众多的环境因子中，任何接近或超过某种生物的耐受极限而阻止其生存、生长、繁殖或扩散的因子，称为限制性因子。如水中的氧气为水生昆虫的限制性因子。

四、非生物因子对草原昆虫的生态作用

影响草原昆虫的非生物因子包括温度、光、湿度、降水、气流、气压、土壤等。其中尤以温度（热）、湿度（水）、风场、光照对草原昆虫的作用最为突出。当变化的气

候条件超出了一定范围时，就直接或间接地通过对食物、天敌等的影响引起草原昆虫种群数量的变化。

1. 温度

温度是昆虫生命活动不可缺少的生态因子，其生态作用体现在以下几个重要方面。第一，地球上的温度变化在时间、空间上表现出温度的节律性，使昆虫的生长发育与温度昼夜、季节性变化同步（也称为温周期现象）。第二，每种昆虫都有其耐受的温度，极端温度限制了昆虫的生存和分布。第三，温度的变化直接影响昆虫的生长发育，每一种昆虫都有其生长的最高、最低和最适温度。第四，昆虫可从温度中获得热量，进行热能代谢。

温度作为生态因子对昆虫生长发育产生显著影响，昆虫的生长发育和繁殖要求一定的温度范围，这个范围称有效温区（或适温区）。另外，根据发育阶段所需温度特征可将昆虫对温度的需求划分为生长发育最适温区、发育起点温度、致死低温区、致死高温区等。当外界温度低于某一温度，昆虫就停止生长发育，而高于这一温度，昆虫才开始生长发育，这一温度阈值称为发育起点温度。昆虫在整个生长发育期间所需要的热量为一个常数。因此，可根据昆虫生长发育所需总热量为常数的有效积温法则，分析昆虫发育速度与温度的关系。用下列公式表示：

$$N（T-C）= K$$

式中，N 为发育历期，T 为发育期间平均温度，C 为发育起点温度，K 为有效总积温。

根据有效积温法则，可以：①预测某一个地区某种害虫可能发生的代数；②预测害虫在地理上的分布界限；③预测害虫发生期；④开展天敌昆虫的保护和利用。温度对昆虫繁殖力会产生显著影响，在最适温区范围内，昆虫的性腺成熟随温度升高而加快，产卵前期缩短，产卵量也较大。在低温下，成虫多因性腺不能成熟或不能进行性活动等而降低繁殖力。在不适宜的高温下，性腺发育会受到抑制，生殖力也会下降。温度不仅影响昆虫的生长发育和繁殖，也影响昆虫的寿命。一般情况下，昆虫的寿命随温度的升高而缩短。

昆虫主要通过过冷却现象来适应低温。一般水在0℃时开始结冰，但昆虫的体液却能承受0℃以下的低温而不结冰，这种现象叫作昆虫体液的过冷却现象。在这个过程中，昆虫抵御低温释放出能量，此时体温开始上升时的温度，称为昆虫过冷却点温度。昆虫的抗寒性和抗热性主要由昆虫的生理状态所决定。一般来讲，体内组织中的游离水少、结合水（被细胞原生质的胶体颗粒所吸附的水分子）多，其抗性就高，反之则低。这是因为结合水不易被高温蒸发或被低温冻结。同时，体内积累的脂肪和糖类的含量越高，抗寒性也越强。

2. 湿度

湿度是影响昆虫生存的重要生态因子之一。昆虫也有适宜湿度范围和不适宜湿度范围甚至致死湿度范围。湿度对昆虫发育速率、成活和繁殖力均有显著影响。昆虫对水分的适应表现在两个方面。一方面，昆虫从食物中直接获得水分并利用体内贮存的营养物质代谢水分可保留，还可通过体壁或卵壳吸收水分或直接饮水而获得水分。另一方面，昆虫通过体表蒸发失水、呼吸失水和排泄失水。这两个过程维持昆虫体内的水分平衡。昆虫有多种维持体内水分平衡的生态适应机制，如昆虫具有几丁质的体壁，防止水分的过量蒸发；昆虫通过马氏管把尿素变成尿酸，不溶于水，防止水分过多排出；昆虫为了减少水分丢失而形成对干燥陆生环境的生态适应，如昼夜周期性活动习性、休眠、钻洞等行为。

3. 光照

光照对昆虫生长发育影响十分突出，主要包括：昆虫生活所需要的全部热量直接或间接地来源于太阳能；植物利用太阳光进行光合作用制造有机物，昆虫直接或间接从植物中获得营养；光是生物的昼夜周期、季节周期的信号。光的强度、性质和光周期都会对昆虫节律和行为习性产生影响，如光照能调控蝗虫的滞育。光作为昆虫的外界环境信号，引起昆虫体内时间性、组织的功能性反应，成为昆虫光周期，也称为生物钟（biological clock）。这是一种复杂的生理功能过程，控制着昆虫生理机能的变化。从而使昆虫的行为活动表现出一种节律适应，这是昆虫对光周期现象的一种适应方式。

4. 风

风对昆虫的迁飞、扩散起到了重要作用。许多昆虫可以借助风力传播到不同地方，如东亚飞蝗、亚洲飞蝗、亚洲小车蝗、草地螟、草地贪夜蛾、沙漠蝗等。风除直接影响昆虫的迁飞、扩散外，还影响环境的温度及湿度，从而间接影响昆虫。

5. 土壤

土壤是许多生物的栖息场所，是植物生长的基质和营养库以及污染物转化的重要场地。土壤作为昆虫生长发育的一类特殊环境，土壤温度、土壤水分、土壤理化性状（如酸碱度、土粒大小、团粒结构）可以影响昆虫的生理状态及活动、分布。如东亚飞蝗可在含盐量0.5%以下的土壤中产卵、孵化，在含盐量1.2%~2.5%的土壤中不产卵。

五、生物因子对草原昆虫的影响

生物因子主要包括食物、捕食者、寄生物和各种病原微生物等。在一般情况下，生物因子对某个物种的影响只涉及种群中的某些个体，生物因子对于生物种群影响的程度通常与种群的密度有关。生物因子之间关系复杂，在相互作用、相互制约中产生了协同进化。

1. 食物

食物因子作为最为重要的生物因子显著影响昆虫的生长发育、种群动态、分布区域等。昆虫对食物的适应类型按食物性质划分为植食性昆虫、捕食性昆虫、寄生性昆虫、食腐性昆虫和杂食性昆虫。按食物成分的多寡划分为单食性、寡食性、广（多）食性和杂（泛）食性。

对于植食性昆虫来说，其对寄主的选择往往会随着植物特性的变化而产生变化，因而形成了不同食物选择模式，即具有不同的食物谱。80%~90%的植食性昆虫食物谱相对较窄，选择取食的植物种类相对较少，主要集中于某一科或属，为专食性昆虫；而10%~20%的植食性昆虫食物谱相对较宽，选择取食的植物种类多，一般分属于不同科，为广食性昆虫。植食性昆虫的食物选择行为是一个复杂的过程，表现在昆虫内在对物质（如营养、维生素等）的生理需求及不同外来信号刺激的感受与反应特点。其主要是通过化学感受器来辨别植物产生的信号物质，例如植物分泌的次生代谢物等。在植食性昆虫与寄主植物关系中，对不同物质的化学识别占主要地位，在自然生态系统中其借助味觉、触觉、视觉、嗅觉等感觉通道或感受器官对不同植物所产生的特殊刺激进行编码诱导，进而通过神经系统的综合和解码过程，最终根据遗传所形成的模板和生理状态对植物做出选择性取食。通过研究植食性昆虫的食物结构，能够明确其食物选择性，并确定其是广食性昆虫还是专食性昆虫。

以蝗虫为例，国内外学者对蝗虫食物选择性的生态学证据进行了大量研究。这些研究都主要基于蝗虫对植物的取食频率观察和植物被消耗的生物量为标准，并以此为依据确定蝗虫对供试植物的选择性。并在此基础上，将蝗虫取食植物分为4个级别，即食物偏好性为嗜食、喜食、偶食和不取食。同时，许多学者通过模拟试验对蝗虫取食造成的损失进行了定量分析，分别测定了宽须蚁蝗（*Myrmeleotettix palpalis*）、邱式异爪蝗（*Euchorthippus cheui*）、红翅邹膝蝗（*Angaracris rhodopa*）、狭翅雏蝗（*Chorthippus dubius*）等优势种草原蝗虫从孵化到成虫期的取食量，并构建了能够反映不同密度蝗虫种群导致对不同牧草植物产量损失的模型。

长期的协同进化使植食性昆虫具有特定的食物选择性。植物对昆虫具有防御能力，而昆虫能够适应植物防御，充分利用寄主植物促进其生长发育，两者形成相互适应机制。同时，植食性昆虫在食物的选择过程中，会随着植物营养及有毒物质的时空变化而发生变化，偏好于选择特定年龄或特定生理状态的植物，以便得到最大营养摄入和最低有害物质伤害，并保证最低能量损失，其目的是更好地维持生长发育和生殖。可见，影响植食性昆虫取食的因素众多，包括昆虫生理需求及特征、昆虫神经、行为特点等，其中调控昆虫选择性取食的植物主要生理特征包括营养需求，以及对植物有毒物质或次生代谢物解毒或利用。因此，植食性昆虫对食物选择的营养需求和解毒能力成为当前研究的热点。

　　由于各种昆虫都有自己的特殊食性，因而取食适宜食物时，生长发育快，死亡率低，繁殖力高。同时，同种植物的不同发育阶段对昆虫的影响也不同。寄主植物为植食性昆虫提供了食物资源、交配场所和产卵场所等。国内外许多学者对此进行了深入研究，这些证据包括对多个蝗虫种群的生物学及生态学研究。针对亚洲小车蝗（*Oedaleous asiaticus*）的食性和生长发育的定量分析表明，亚洲小车蝗偏好取食禾本科植物，表现为高度适应性，从食性角度分析来看不取食或非喜食植物不利于其生长发育及繁殖，表现为低适应性。以禾本科针茅饲喂亚洲小车蝗成虫时，其生长发育速率和生殖力最高，而以针茅（*Stipa krylovii*）、冷蒿（*Artemisia frigida*）、菊叶委陵菜（*Potentilla tanacetifolia*）饲喂的个体则不能正常产卵，适应性差异显著。针对西藏飞蝗（*Locusta migratoria tibetensis* Chen）的研究表明，取食禾本科作物的个体生长发育较快、生殖力增强，产卵前期缩短，高度适应禾本科植物；相反，取食十字花科植物的个体，产卵前期延长，寿命缩短。针对意大利蝗（*Calliptamus italicus* L.）食物适应性的研究表明，意大利蝗倾向于取食萜类含量高的冷蒿，混合取食冷蒿和紫花苜蓿（*Medicago sativa*）最利于其生长发育和生殖。同时，取食偏好性研究发现，其若虫喜食针叶苔草（*Carex onoei* Franch. et Sav.）和冷蒿，而成虫则喜食新疆鼠尾草（*Salvia deserta*）、黄花苜蓿（*Medicago falcata*）和冷蒿，由此可见蝗虫食物选择和适应不仅随植物时空变化，也随自身生长发育阶段变化。同时，蝗虫对寄主植物的取食为害也会随着植物群落结构变化而变化，通过对牧压增加引起的植被群落变化监测发现，亚洲小车蝗增加了对米氏冰草（*Agropyron cristatum*）和星毛委陵菜（*Potentilla acaulis*）的采食，对针茅（*Stipa krylovii*）的采食降低，其生态位宽度变窄，可见昆虫食物选择及适应是受环境变化显著影响的。有意思的是，通过研究发现植物群落向低含氮量变化时，容易诱发亚洲小车蝗的发生，表明亚洲小车蝗选择栖居于含氮量低的栖境中，如针茅栖境。

　　分析亚洲小车蝗食性表明其对针茅取食量最高，其次为隐子草、羊草，针茅和隐子草在栖境中可一定程度上作为互补食物。亚洲小车蝗偏好取食针茅（SI>1），其次为隐子草（0.5<SI≤1），对羊草的选择性最低（0<SI≤0.5）。另外，植被群落结构的微弱变化，能够显著影响蝗虫的发生密度和取食特性。为实现草原蝗虫食性的快速定量、定性分析，现已建立了基于RT-PCR技术的蝗虫食物分析技术。以内蒙古草原优势种亚洲小车蝗和毛足棒角蝗为研究对象，设计了主要寄主植物羊草、针茅和糙隐子草DNA的ITS序列特异性引物，利用RT-PCR技术测定了两种蝗虫对3种牧草的摄入量，定性精度100%，定量精度>80%。亚洲小车蝗对针茅、糙隐子草、羊草的摄入比列约为7：3：1，保持相对固定的食物结构，揭示了其聚集分布原理；毛足棒角蝗对3种牧草摄入比例随植被群落变化，保持随机取食模式，揭示了其随机分布原理。基于RT-PCR的食性快速分析技术，能够定性、定量检测蝗虫食物摄入，为害虫研究、科学管理提供了重要技术支撑。

植物的营养特征及昆虫营养需求是决定其食物选择性的重要因子，由于寄主植物在不同时空范围内营养物质存在差异，昆虫作为消费者能够敏感地感受植物营养物质的变化。昆虫的生长发育及生殖需要从食物中获取充足的营养物质，对碳水化合物、蛋白质、脂肪和水等的摄取有着严格要求，并因此形成了对不同食物的认知和识别能力，从而使其能够准确、快速地选择营养特性较好的食物以获取充足的营养物质。但这并不意味着昆虫只取食一种最佳食物，其一般需要混合取食多种植物以获得充足的营养，并稀释降低摄食中有害物质的浓度，从而更有利于生长发育及生殖，维持高生活力和生殖力，保持种群数量稳定。尽管多数植食性昆虫需要取食多种植物，但在自然生态环境中，对不同植物的选择性和适应性不同，有的表现为固定取食结构，而有的则为随机取食模式，不同取食模式的根源在于植物与昆虫的协同进化。

植食性昆虫需要多种植物组成的食物结构以保持营养平衡，而不仅仅是依靠特定某一种植物来维持生长。具有多种不同属性特征的植物能够为昆虫提供多种多样的物质组分以维持正常的生长发育，而对于来自同一属性特征的植物往往不能满足其生长发育需求。已有研究表明，与植食性昆虫生长发育有紧密关系的植物营养物质主要包括糖类、蛋白质、脂肪、水分、矿物质和维生素等。研究发现，植物叶片氮含量、碳含量、碳氮比、水分含量和特殊营养面积等能够显著影响植食性昆虫的生长发育。对蟋蟀的研究发现，其对不同植物的适口性随植物叶片氮含量、碳含量、碳氮比和特殊营养面积的升高而增强，但随水分含量的升高而降低，因而造成了对不同植物的选择性取食和适应性差异。植食性昆虫需要取食含有不同营养物质的不同植物以满足营养需求，因而形成了特有的营养生态位。同时，昆虫对不同食物的取食量取决于植物营养物质的含量。Ibanez（2013）等利用粪便DNA分析技术，研究发现昆虫食物选择性决定了植物群落功能特性（包括营养功能等）及功能多样性（包括营养多样性等）。当然，除了满足营养需求之外，昆虫还可以通过选择性取食来维持肠道中pH值及盐含量平衡，降低有毒物质或次生代谢物的过量摄入，通过对不同物质的转化来躲避天敌的捕食等。

植食性昆虫完成正常的生长发育和生殖取决于能否寻找到合适的寄主植物，以及从寄主植物中摄取足够且均衡的营养物质，因而形成对不同植物的选择性和适应性。昆虫通过选择适合的植物种类作为食物，主要取决于这些植物中是否含有其生长发育和繁殖所需要的营养成分，和作为选择信号的次生代谢物质等，这一过程与昆虫的营养需求能力和解毒能力紧密相关。不同植物所含有的初级代谢所形成的糖类、氨基酸、脂肪、大量元素和维生素等营养物质在种类基本上是相同的，但是在含量上往往会存在较大的差异，如碳氮比等的变化，往往会导致对昆虫的不同营养效应，因而引起昆虫选择性取食不同植物。

2. 天敌

天敌作为重要的生物因子，主要包括捕食性天敌、寄生性天敌和病原微生物三大类。在昆虫中，捕食者主要包括鞘翅目、半翅目等昆虫。一种生物从另一种生物的体液、组织或已消化物质中获取营养并造成对宿主的为害，称为寄生。以寄生方式生存的生物称为寄生物，被寄生的生物为宿主。寄生性昆虫与捕食性昆虫的区别有以下几点：寄生性天敌可在一头寄主体内完成发育，而捕食性天敌需要多头猎物才能完成发育；寄生性昆虫幼虫和成虫的食料不完全相同，一般幼虫营寄生生活，以寄主为食，成虫营自由生活，以花蜜等为食；捕食性天敌昆虫的幼虫和成虫均具捕食性，甚至食性相似；寄生性昆虫的身体常比寄主小，捕食性昆虫的身体常比猎物大；寄生性昆虫侵袭寄主后，不会立即引起寄主死亡，需待其成蜂羽化或化蛹后才会死去；而捕食性昆虫侵袭猎物时，往往立即杀死寄主猎物。

能够侵染昆虫的病原微生物主要有细菌、真菌、病毒、线虫、原生动物等。昆虫病原微生物种类繁多，已被广泛地开发应用于害虫生物防治。其中，细菌如苏云金芽孢杆菌经口进入昆虫体内，产生伴孢晶体，内含有多种肉毒素，破坏昆虫中肠和血淋巴，引起昆虫败血症。昆虫死后软化和变黑，带黏性，有臭味。真菌如球孢白僵菌和金龟子绿僵菌等，经昆虫体壁侵入体腔，进入原生质和血淋巴增殖，并产生有毒代谢物质，使昆虫死亡。死亡的昆虫往往僵硬，体表有不同色泽的霉状物。昆虫病毒主要包括核型多角体病毒（NPV）、质型多角体病毒（CPV）和颗粒体病毒（GV），经昆虫取食进入中肠，引起中肠溃烂。主要表现为体色变灰，体壁肿胀，轻触即破。

六、昆虫对生态因子的适应

昆虫对不同生态因子的适应可分为基因型适应（genotypic adaptation）和表现型适应（phenotypic adaptation）两大类。基因型适应的调整是可遗传的，发生在进化过程中。而表现型适应则发生在生物个体身上，具有非遗传的基础，它包括可逆（reversible）和不可逆（non-reversible）两种类型。如昆虫适应当地环境的生理过程为可逆的，昆虫的学习行为过程为不可逆的。通常，将昆虫对环境的生态适应概括为进化适应（evolutionary adaptation）、生理适应（physiological adaptation）和学习适应（adaptation by learning）。

昆虫针对不同环境因子主要的生态适应方式是迁飞、扩散与滞育。迁飞与滞育作为昆虫重要的生活史对策，是昆虫对外界环境变化所产生的在空间上和时间上的生态适应。关于迁飞和扩散的定义，昆虫生态学中的昆虫扩散是指昆虫个体发育过程中日常或偶然的、小范围内的分散或集中活动。昆虫迁飞是指一种昆虫成群地、通常有规律地从一个发生地长距离地迁飞到另一发生地。关于昆虫休眠与滞育，根据昆虫对环境的适应反应，常将昆虫的越冬或越夏分为休眠与滞育。休眠是昆虫在个体发育过程中对不良外界条件的一种暂时性适应。滞育是昆虫个体发育过程中对不良环境条件适应的一种内在的、比较稳定的遗传性表现。可发生在冬季和夏季，分别称为冬滞育和夏滞育。即使给予适宜的温度和食物条件，也不能阻止滞育的发生。引起昆虫滞育的产生主要有以下3个因素。第一，光周期在昆虫滞育中能够发挥重要作用。能引起昆虫种群50%左右个体进入滞育的光周期界限，叫作临界光周期。每种昆虫的临界光周期不同。每种昆虫不是所有虫态都能感受光周期的变化，这种反应只能发生在一定的虫态或虫龄，对光周期起反应的虫态或虫龄，叫作临界光照虫态（虫龄）。由此，根据昆虫产生滞育的临界光周期长短，将昆虫滞育分为短日照滞育型、长日照滞育型、中间型和无日照滞育型。第二，高温可引起某些昆虫的夏季滞育，低温可引起冬季滞育。第三，湿度和食物条件对昆虫滞育形成也有一定的影响。此外，光照与温度相互作用，有些昆虫滞育的临界光周期随温度的升降而减增。

近年来，昆虫表型可塑性作为响应生态因子变化的重要方式，这一研究热点得到了深入探索。表型可塑性简单来说可以定义为同一基因型受环境的不同影响而产生的不同表型，是生物对环境的一种快速适应方式。以往一直认为单个基因型在不同环境条件下对发育和生理过程调节，产生不同表型，能在一定程度上降低生物有机体在异质生境中所承受的环境压力，维持其适合度，但由于不涉及遗传物质的改变，因而不能够稳定遗传，也不会对物种的适应性进化产生影响。然而，随着对可塑性变异发生机制及发育途径研究的深入，这个传统的认识面临挑战。有证据表明，很多可塑性变异与发育调控基因在不同环境条件下的"可塑性"表达密切相关，并能通过表观遗传途径传递给子代，有些可塑性变异还可能通过遗传同化过程得以固定，从而对个体发育、种群遗传组成和结构，以及物种的进化潜力都产生显著影响。以表型可塑性变异为核心，研究基因与环境的交互作用，发育过程对环境因子变化的敏感性和响应机制，不仅为了解表型可塑性变异发生的分子基础和发育机制提供了很多直接证据，而且揭示了表观遗传调控机制在可塑性反应和适应性进化中的重要意义，引发了新一轮有关生物遗传和进化机制的讨论，引导人们从生态—发育—表观遗传的角度去重新认识和评价被长期否定的"软遗传"概念。

第二节　昆虫种群的空间分布及抽样调查

一、昆虫种群

种群（population）是指生活在一定空间内，同属一个物种个体的集合。种群具有4个特征。

1. 数量特征

这是种群的最基本特征。种群是由多个个体所组成的，其数量大小受4个种群参数

（出生率、死亡率、迁入率和迁出率）的影响，这些参数继而又受种群的年龄结构、性别比率、分布格局和遗传组成的影响，从而形成种群动态。

2. 空间特征

其个体在空间上的分布可分为聚集分布、随机分布和均匀分布；此外，在地理范围内分布还形成地理分布。

3. 遗传特征

既然种群是同种的个体集合，那么，种群具有一定的遗传组成，是一个基因库，但不同的地理种群存在着基因差异。不同种群的基因库不同，种群的基因频率世代传递，在进化过程中通过改变基因频率以适应环境的不断改变。

4. 系统特征

种群是一个自组织、自调节的系统。它以一个特定的生物种群为中心，也以作用于该种群的全部环境因子为空间边界所组成的系统。因此，应从系统的角度，通过研究种群内在的因子，以及生境内各种环境因子与种群数量变化的相互关系，从而揭示种群数量变化的机制与规律。

二、昆虫种群分布

种群的空间分布图式（spatial distribution pattern），指种群的个体在其生存空间的分布形式。它包括两个概念：分布是数理统计学上变量的分布，可分为polsson分布、正二项分布和负二项分布3种类型；图式是指有机体在空间定位所表现出来的图式，可分为随机分布、均匀分布和聚集分布3种类型。此外，空间分布图式的测定方法有：以方差（V）与平均密度（M）来测定；以平均拥挤度$m*$为指标等。

自然界昆虫种群在空间分布的生境，有些是均匀一致的，但大部分是空间异质的。空间异质性是指生态学过程和格局在空间分布上的不均匀性及其复杂性，一般可以理解为空间的斑块性和梯度的总和。上述描述种群的空间分布格局的方法，如比较频次分布、聚集度指标、平均拥挤度等，着重于强调样本间的数量变化，而忽视了样本的空间位置，都是假定在均匀的生境之中。为此，生态学家们将地统计学应用于昆虫种群的空间分布和时空动态研究。地统计学是在地质分析和统计分析互相结合的基础上，形成的一套分析空间变量的理论和方法，它是以区域化变量理论为基础，以变差函数为主要工具，研究那些在空间分布上既有随机性又有结构性的自然现象的科学。

三、昆虫种群数量

昆虫种群密度是指单位面积（或体积）空间中的昆虫个体数量。它与数量不同，数量只有多少，没有单位。根据调查方法的不同，密度可以分为绝对密度和相对密度两种。绝对密度是指单位面积（或体积）空间中的昆虫个体数量。绝对密度的常用调查方法有总数量调查法和取样调查法。常用的取样调查有样方法、标志重捕法和去除取样法。进行样方调查时，依昆虫空间分布型不同，可采用五点取样、对角线抽样、棋盘式抽样、平跳跃抽样、"Z"形抽样和等距离抽样等方法调查昆虫种群数量。而相对密度测定的不是单位空间内昆虫密度的绝对值，而只是衡量昆虫数量多少的相对指标。相对密度的调查方法有网捕法、诱蛾（灯诱、糖醋盆诱、性信息素诱）法、虫粪计数法等。

昆虫种群的大小由种群出生率、死亡率、迁入率和迁出率4个基本参数来决定。此外，昆虫年龄结构和性别比例也影响种群的数量变动。出生率有生理出生率与生态出生率之分。种群变化=出生率-死亡率+迁入率-迁出率。其中，种群的出生率为单位时间内种群新出生的个体数占总数的比率。所谓生理出生率是指种群在理想的条件下（即无任何生态因子限制，只受生理状况影响）种群的最高出生率，这是一个理论常数。所谓生态出生率也称为实际出生率，是指在特定的生态条件下种群的实际出生率，它比生理出生率要低。种群死亡率为单位时间内种群死亡的个体数占总数的比率。与出生率一样，死亡率也有生理死亡率或称最低死亡率与生态死亡率（实际死亡率）之分。对于一个特定的种群，最低死亡率是一个常数，而生态死亡率则依生态条件不同而存在差异。但是，目前对种群迁移率的测量方法研究尚少，尤其是要把种群的迁出率与死亡率分开，把迁入率与出生率分开则更为困难。

另外，昆虫年龄结构及性别比例也是反映种群数量特征的重要指标。昆虫不同生长期的年龄结构可用年龄锥体（年龄金字塔）来表示，可分为增长型锥体、稳定型锥体和下降型锥体3种基本类型。性别比例是指种群中雌性与雄性个体数的比例，一般昆虫的雌雄比例为1∶1。

四、昆虫生命表测算

通过生命表分析，可以推算昆虫种群的存活曲线。存活曲线是以生物的相对年龄（绝对年龄除以平均寿命而得到）为横坐标，再以各年龄的存活率l_x为纵坐标，由此所画出的曲线，表示种群的存活率l_x随时间变化的过程。根据曲线类型可归纳为3种类型：A型为凸型的存活曲线，即昆虫的死亡率在前期较低，绝大部分个体可达到其"生理寿命"，后期死亡率增加；B型为对角线型的存活曲线，即昆虫在各个年龄阶段死亡率相近；C型为凹型的存活曲线，即昆虫在前期死亡率较大，后期死亡率较小。

同时，利用生命表可估算种群的内禀增长率r_m，r_m是指在食物、空间和同种其他昆虫的数量处于最优，实验中完全排除了其他物种时，在任一特定的温度、湿度、食物等的组合下所获得的最大增长率。根据生命表中种群的年龄结构（x），各个特定年龄结构下的存活率（l_x）及生育力（m_x）可以估计种群的内禀增长率r_m，r_m=ln（R_0）/T，其中R_0为净生殖率，$R_0=\sum l_x m_x$；T为世代平均长度$T=\sum x l_x m_x/\sum l_x m_x$。

　　另外，通过种群生命表可进行关键（主导）因子分析和种群趋势分析。关键因子是指对下一代（或经历一段时间后）种群数量变化起主导作用的因子。根据世代总死亡率与作用于各个年龄间隔的亚死亡率的相关关系，可测算种群的关键因子，也可用图解的方法和回归系数来决定关键因子。种群趋势指标（I）是指昆虫新一代的卵量与上一代卵量的比值。$I=N_2/N_1$，式中N_1、N_2分别为上、下代种群的卵量；$I>1$为上升趋势；$I<1$为下降趋势。也可用世代存活率（S_G）表示可以发育、最后羽化为成虫的卵所占的比例，$S_G=N_2/N_1$。种群趋势指标（I）还可以通过将各年龄阶段存活率S_x连乘，并乘以种群最高产卵量而得到：$I=S_{x1}S_{x2}S_{x3}\cdots S_{xn}$（每雌最高产卵量/2）。

五、昆虫种群增长模型

　　昆虫种群增长型是指在一定空间里，种群随时间序列所表现出的数量变化形式。它的增长有两个基本形式，即"J"型和"S"型增长。种群的指数增长模型又称为"J"型增长，是昆虫种群中常见的两个模型之一。对于世代不重叠的离散型昆虫种群来说，假设：在无限的环境（空间、资源）中增长；无迁入、迁出发生；无年龄结构，则$t+1$世代的种群N_{t+1}与世代t种群N_t可用差分方程构建其模型为：

$$N_{t+1}=\lambda N_t \text{ 或 } N_t=N_0\lambda^t$$

　　式中：λ为周限增长率，指单位时间（如一个世代或年月日）内种群的增长率。

　　种群的逻辑斯谛增长模型：也称为"S"型增长，在自然界，昆虫种群不可能长期地指数增长，当昆虫种群在一个有限的空间中增长时，随着种群密度上升，对有限空间资源和其他生活必需条件等种内竞争也增加。其模型为：

$$dN/dt=rN[(K-N)/K]$$

　　式中：r、K为参数。其生物学意义：K为空间被该种群个体饱和时的密度（环境容纳量），r为每个个体的种群增长率（瞬时增长率）。逻辑斯谛曲线通常分为5个时期：开始期，由于种群个体数很少，密度增长缓慢，又称潜伏期；加速期，随个体数增加，密度增长加快；转折期，当个体数达到饱和密度一半（$K/2$），密度增长最快；减速期，个体数超过密度一半（$K/2$）后，增长变慢；饱和期，种群个体数达到K值而饱和。

　　在长期的协同进化过程中，昆虫逐渐形成了对环境适应的生态对策。根据昆虫的进化环境和生态对策，把昆虫分为r对策和K对策两大类。有利于昆虫发展较大的r值的选择，称为r对策（r-strategy）；有利于昆虫竞争能力增加的选择，称为K对策（K-strategy）。在r对策和K对策之间还存在着中间型对策。r对策昆虫的特征表现为通常非密度制约，繁殖力强、寿命短、个体小，一般缺乏保护后代机制，竞争力弱，但具有很强的扩散能力，种群易暴发，如蚜虫。*K*对策昆虫的特征表现为密度制约，发生率低、寿命长、个体大，具有较完善的保护后代机制，一般扩散能力较弱，但竞争能力较强，如十七年蝉。

六、昆虫种群间相互作用

昆虫种群间的相互作用类型主要包括以下3种。①中性作用，即种群之间没有作用。事实上，生物与生物之间是普遍联系的，没有相互作用是相对的。②正相互作用，可按其作用程度分为偏利共生和互利共生。第一类偏利共生：其主要特征为种间相互作用仅对一方有利，而对另一方无影响。如昆虫携带昆虫病毒并帮助病毒传播，如昆虫的利他素等；又如有些甲虫生活在鼠巢中，由田鼠帮助从一个巢带到另外一个巢中生活。第二类互利共生：互利共生多见于需求极不相同的生物之间，其主要特征为两物种长期共同生活在一起，彼此互相依赖、相互共存、双方获利，如果离开了对方就不能生存。③负相互作用，包括竞争、捕食、寄生和偏害等。偏害作用，其主要特征为当两个物种在一起时，一个物种的存在，可以对另一物种起抑制作用，而对自身却无影响。如作物受害后诱导产生次生代谢物质（单宁、酚酸），对作物本身没有大影响，但对害虫生长发育有很大的副作用。

另外，在研究昆虫生态学种间关系中比较重要的概念还包括生态位、竞争排斥原理（高斯假说）和协同进化。生态位是指一个种群在生态系统中，时间空间上所占据的位置及其与之相关种群间的功能关系与作用。它表示生态系统中每种生物生存所必需的生境最小阈值，其测量指标包括生态位宽度和生态位重叠。采用定点调查和生物量定量分析方法对内蒙古典型草原不同草地蝗虫群落结构和生态位进行研究，结果表明，典型草原蝗虫群落结构丰富，主要蝗虫有11种，草原蝗虫的时间分布揭示了蝗虫时间生态位的分化，宽须蚁蝗、亚洲小车蝗、短星翅蝗分别构成镶黄旗草原蝗虫早、中、晚期优势种；根据蝗虫种群地位，将11种蝗虫划分为优势种、附属种、稀少种，把11种蝗虫按空间地位划分为禾草类、荒草类、特殊类和全域类4类。优势种蝗虫的种群与空间地位，反映了蝗虫与植被、蝗虫与蝗虫之间的关系。优势种蝗虫中短星翅蝗的时空生态位宽度最大，其次是亚洲小车蝗和宽须蚁蝗，说明短星翅蝗对时空"资源"的利用程度最高，共存的蝗虫种类在"资源"利用上存在着明显的分化，亚洲小车蝗与宽须蚁蝗的生态位重叠最大，说明两者利用资源的相似性程度越高。用生态位来体现蝗虫种群地位及对资源的利用，可以用来分析预测蝗虫的潜在发生与为害。竞争排斥原理是指两个物种不能同时，或者是不能长时间地在同一个生态位生存。因为两者之间会展开竞争，导致其中的一方获胜，可以留在原来的生态位继续生存。另一方为了继续生存，会改变自己的栖境，或者改变生活习性，进化适应以维持生存。协同进化是指两个相互作用的物种在进化过程中发展的相互适应的共同进化。一个物种由于另一物种影响而发生遗传进化的类型。例如一种植物由于食草昆虫所施加的压力而发生遗传变化，这种变化又导致昆虫发生遗传性变化。

七、草原昆虫调查方法

草原昆虫的调查方法一般采取分层随机抽样或序贯抽样方法。每区域总取样点数不少于9个，样点间直线距离大于100m，每样点5次重复。卵期调查不少于5个样点，可不设重复样方；依据产卵地特征选择调查地点，根据卵块的数量可适当增加取样样点。

根据昆虫种类和观察内容的需要，可采用样框取样法、扫网取样法进行调查。

样框取样法：制作4片长1m、高0.5m的框架，框架间覆以纱网，将每2片框架在短边用合页或其他方式相接，形成可自由开合到90°的半框，两人各执1个半框对合可形成四周封闭的方框取样器。利用标准样框取样器调查昆虫种类密度时，两人操作取样器迅速对合，利用吸虫器均匀吸取2min，可对框内昆虫种类、数量等相关数据进行统计。调查个体小的昆虫可选择边长50cm的样框取样器取样，取样完成后在体视镜下观察并分类，填写统计数据时换算成每平方米的量。对于体积较大的昆虫，可采取直接观测数量的方法进行统计。

扫网取样法：网口直径33cm，网袋网眼目数为40目，从网口至网底长66cm，手柄长1.0～1.3m。操作者以正常步幅逆风直线或折线行走，用标准扫网紧贴植被往复扫捕，每往复100网为一个记录单元，对网内昆虫种类、数量、龄期等相关数据进行统计。

草原蝗虫的调查方法，见附录《草原蝗虫调查规范》（NY/T 1578—2007）。

第三节　发生区域预测

一、发生区域预测原理与方法

草原害虫预测预报是根据害虫发生规律分析，推测未来一段时间内害虫分布、扩散和为害趋势的综合性科学技术，需要应用有关的生物学、生态学知识和数理统计、系统分析等方法。预测结果应以最快的方式发出通报，以便及时做好各项防治准备工作。准确的害虫测报，可以增强害虫防治的预见性和计划性，提高防治工作的经济效益、生态效益和社会效益，使之更加经济、安全、有效。害虫测报工作所积累的系统资料，可以为进一步掌握有害生物的动态规律，乃至运用系统工程学的理论和方法分析草原生态系统内各类因子与害虫发生的关系，因地制宜，为制订最合理的防治方案提供科学依据。

因此，这项工作不仅关系到当年、当季的农业生产，而且对提高害虫长期、综合治理的总体效益具有战略意义。

发生区域预测是指预测害虫可能分布区域或发生的面积，对迁飞性害虫还包括预测其扩散的方向和范围。例如，一些远距离迁飞性害虫可随气流迁往异地。如亚洲小车蝗、黏虫等害虫迁飞受季风影响。可根据发生区的残留虫量和发育进度，结合不同层次的天气形势以及迁入区的作物长势和分布，来预测害虫迁入的时间、数量、主要降落区域和可能的发生程度。同时，应用计算机技术，将研究得出的有害生物发育模型、种群数量波动模型、作物生长模型、防治的经济阈值和防治决策等贮入电脑中心，通过各终端系统输入各有关预报因子的监测值后，即可迅速预报有关虫害发生、为害和防治等预测结果。这种方法的优点在于：对虫害测报原始资料和数据的处理既方便又利于资料的保存；用于做出虫害数据统计预报时可提高计算的效率和准确性；便于虫害测报资料的贮存、检索、调用，进而建立计算机网络。

二、基于投影寻踪模型的草原蝗虫发生区域评价与预测方法

以蝗虫发生区预测为例，建立反映蝗虫宜生区植被等条件的综合评价模型，能够为蝗害风险评估、预测预报和宜生区划分提供方法。投影寻踪是一种处理多因素复杂问题的统计方法，其基本思路是将高维数据向低维空间进行投影，通过低维投影数据的散布结构来研究高维数据特征。具体数据处理过程如下。

1. 数据的规格化处理

对由相关性分析得到的低优指标和高优指标进行规一化处理，设 p 个指标 n 个样本集的原始数据为 $(X_{ij})_{n \times p}$，对越大越优的评价指标（高优指标）处理的公式为：

$$Y_{ij} = \frac{X_{ij} - \min(X_j)}{\max(X_j) - \min(X_j)}$$

对于越小越优的评价指标（低优指标）处理的公式为：

$$Y_{ij} = \frac{\max(X_j) - X_{ij}}{\max(X_j) - \min(X_j)}$$

式中，$\min(X_j)$、$\max(X_j)$ 分别为第 j 个评价指标的最小值和最大值。

2. 构造投影指标函数 $[Q(a)]$

将规格化后的 p 维数据 $\{Y_{ij} \mid j=1, 2, \cdots, p\}$，综合成以 $a=\{a_1, a_2, a_3, \cdots, a_p\}$ 为投影向量的一维投影特征值 Z_i。

$$Z_i = \sum_{j=1}^{p} a_j Y_{ij} \qquad (i=1, 2, 3, \cdots, n)$$

根据Z_i从大到小进行排序，最理想的综合投影值的散布特征是局部投影点尽可能地密集，凝聚成若干点团，在整体上投影点团之间尽可能分散，因此，投影指标函数可以表达成为：

$$Q_z = S_z D_z$$

其中，$S_z = \sqrt{\dfrac{\sum_{i=1}^{n}\left[z_i - \dfrac{1}{n}\left(\sum_{i=1}^{n} z_i\right)\right]^2}{n-1}}$，$D_z = \sum_{i=1}^{n}\sum_{j=1}^{p}\left(R - r_{ij}\right)u\left(R - r_{ij}\right)$。$S_z$为投影值$Z_i$的标准差，$D_z$为投影值$Z_i$的局部密度，$Q$为投影指标函数。$r_{ij} = |Z_i - Z_j|$，$R$为局部密度的窗口半径，一般取值为0.1，$u\left(R - r_{ij}\right) = \begin{cases} 1, & \left(R - r_{ij}\right) \geqslant 0 \\ 0, & \left(R - r_{ij}\right) < 0 \end{cases}$。

3. 优化投影指标函数

当各植被指标值样本集一定时，投影函数Q只与投影向量a有关，即以下优化问题。

目标函数：$\qquad\qquad\qquad \max Q\left(a\right) = S_z D_z$

约束条件：$\qquad\qquad\qquad \sum_{j=1}^{p} a_j^2 = 1$

这是一个关于p维向量a的非线性的优化问题，本文使用收敛性好、全局优化性能优和适用性强的基于实数编码的加速遗传算法对该优化问题进行求解，解析过程采用Matalab R2009b编程求解。

4. 利用得出的最佳投影向量a_i求得各个样本点的投影值Z_i

若Z_i和Z_j的取值接近，认为第i个样本和第j个样本趋于同一类。按Z_i从大到小排序，可以将样本从优到劣进行排序。

可靠性是衡量模型应用价值的重要因素，特征值Z_i很好地反映栖境因子适合蝗虫发生的程度，利用投影特征值可以对不同栖境内蝗虫的发生进行风险评估，栖境投影特征值越大，蝗虫发生的风险越大；投影特征值越小，蝗虫发生的风险越小，投影寻踪模型表现了很好的适用性和可靠性，能够较好地用于预测发生区域，使预测精度达到了92.7%。环境因子诸如气象因子、土壤类型、生态地理特征等影响蝗虫的发生，对不同区域内的研究，要考虑气象因子、土壤类型、地理环境等多种因素，在此基础上利用基于遗传算法的投影寻踪模型对蝗虫发生的不同区域生境条件适合蝗虫发生的程度进行综合评价，对蝗害的发生进行风险评估需要做更深入的研究。

三、我国草原害虫发生区域预测现状

近年来，随着草原害虫调查的深入，调查了全国353个固定监测点和1 765条线路，覆盖了所有18类824个草地型，基本查清了我国不同草原类型害虫的种类和分布区域，编研和出版了《中国草原害虫名录》《草原植保实用技术手册》《中国草原蝗虫生物防治实践与应用》《中国草原害虫图鉴》《中国东北草原昆虫名录》《新疆蝗虫鉴定》《宁夏草原昆虫原色图鉴》等专著，建立了草原有害生物数据库，为草原害虫的防控提供了科学依据。在此基础上，依据《全国草原保护建设利用总体规划》，根据草原区域特征、草原蝗虫种类与分布等生物生态学规律，对我国草原蝗虫分布区进行了区划。将我国草原蝗区划分成蒙古高原南部及周边地区草原蝗虫发生区、新疆草原蝗虫发生区、青藏高原草原蝗虫发生区3个区域，并在3个区域中详细划分了33个亚区。

围绕不同区域优势害虫开展了发生规律研究，主要害虫发生规律研究如下。

1. 草原蝗虫发生规律研究

在草原蝗虫群落生态学特征研究方面，探明了不同草地类型昆虫群落组成及空间分布格局，明确了不同草原蝗虫的空间生态位，揭示了蝗虫群落与植物群落结构之间的关系。

2. 草地螟发生规律研究

揭示了草地螟对牧草的选择特性及其识别机理，明确了温度及种群密度对草地螟生殖和飞行的影响。系统研究了主要环境影响因子温度及种群密度对迁飞和生殖的影响，明确了温度和种群密度是影响草地螟迁飞和生殖的关键环境因子；阐明了温度对草地螟成虫生殖和飞行的影响；揭示了种群密度对草地螟幼虫形态、成虫生殖和飞行及生理特征的影响。

3. 草原毛虫的发生规律研究

明确了草原毛虫的主要种类、分布及为害特性，揭示了其生活史、发生规律、生物学特性等，为草原毛虫防控提供了科学依据。

4. 其他害虫

除主要的蝗虫、毛虫、草地螟外，对有明显地域性的草原害虫，也做了大量的研究，如：明确了沙葱萤叶甲的生活史和发生规律；初步明确了蒿象甲发生期及成虫、幼虫为害特点；明确了苜蓿根瘤象在新疆的发生规律，探明了苜蓿根瘤象幼虫在田间的空间分布；系统研究了沙蒿金叶甲在不同温度梯度下的发育历期、存活、成虫寿命和雌虫产卵等生物学特性；明确了薄翅萤叶甲的发生规律；明确了巨膜长蝽在宁夏的发生规律，构建了生命表，建立了各虫态的发育速率与温度的关系的多项式回归模型。

目前，我国已制定并颁布了国家标准《草原蝗虫宜生区划分与监测技术导则》（GB/T 25875—2010），基于发生规律研究，建立了宜生指数模型，综合地理特征、气候特征、草地类型等15项指标，实现了草原主要害虫分布地理特征图层固定边界、气候特征图层动态边界、植被特征图层发生区域的划定，明确了关键种、迁移种、偶发种和潜在种蝗虫分布，使监测与防控提高到亚区级别。

以我国草原上多发的亚洲小车蝗为研究对象，结合地面调查数据，分析各影响因子与草原蝗虫发生密度的相关性，确定了草原蝗虫宜生区划分的主要影响因子，结合宜生区指数模型，划分了主要蝗虫种类的宜生区。明确了我国主要草原蝗虫的宜生区域；同时建立了我国草原蝗虫监测预警模型，开发了草原虫害监测预警管理系统，并在此基础上形成了适用于我国草原害虫监测预警的配套技术，解决了宜生区划分、实时监测、灾害预警的关键技术问题。在草地螟研究方面，明确了不同生态区草地螟的季节性种群动态和虫源性质。发现了草地螟的主要越冬区、迁飞方式和扩散路径。通过对三叶草彩斑蚜、沙蒿金叶甲监测预报环境因子的选择，建立了三叶草彩斑蚜、沙蒿金叶甲宜生指数评价指标体系，并构建了宜生区模型，划分了其分布区。采用软件工程原理与方法，通过草原害虫监测预警管理系统，实现了草原虫害信息浏览、信息查询、辅助鉴定、监测预警、防治决策和报表生成等功能，搭建了我国草原害虫监测预警信息管理平台。

第四节　发生期预测

一、害虫发生期预测原理与方法

1. 原理

昆虫发生期预测是指预测某种害虫的某虫态或虫龄的出现期或为害期，对具有迁飞习性的害虫，预测其迁入或迁出本地的时期。也就是从害虫生活史、物候学的角度，研究预测其发生期，以此作为确定防治适期的依据。昆虫发生期预测按时间长短一般分为短期预测、中期预测、长期预测和超长期预测。

短期预测的期限为20d以内，一般只有几天或十多天。预测达10d以上的可以叫作"近期预报"，其准确性高，使用范围广。一般做法是根据害虫前1~2个虫态的发生情况，推算后1~2个虫态的发生时期和数量，以确定未来的防治适期、次数和防治方法。例如，棉铃虫的发生期和发生高峰期预报，通过田间一代卵量及发育、孵化情况，来预测二代卵高峰。

中期预测的期限为20d至一个季度，一般在一个月以上，视害虫种类不同，期限的长短有很大差别，如一年一代、一年十多代的害虫，采用同一方法预测的期限就不同。通常预测下一个世代的发生情况，以确定防治对策。

长期预测的期限常在一个季度以上。预测时期的长短视害虫种类和生殖周期长短而定。生殖周期短、繁殖速度快，预测期限就短，反之就长，甚至可以跨年。害虫发生趋势的长期预测，通常根据越冬后或年初某种害虫的越冬有效虫口基数及气象预测资料等做出，例如每年初展望其全年发生动态和灾害程度。超长期预测是指预测一年以上甚至5~10年害虫的发生趋势。

2. 方法

害虫发生期的预测方法主要有历期法、外部形态变化分级预测法、期距预测法、物候学预测法、经验性温度指标预测法和有效积温预测等。

（1）历期法　历期发育是害虫完成一定的发育阶段所经历的天数。害虫每一个发育阶段的发育期是比较固定的。根据这一特点，通过对某种害虫前1~2个虫态发生情况的调查，查明其发育进度，如化蛹率、羽化率、孵化率，并确定其发育百分率达始盛期、高峰期和盛末期的时间，在此基础上分别加上当时当地气温下各虫态的平均历期，即可推算出后一虫态发生的相应日期，该方法为历期法。

（2）外部形态变化分级预测法　20世纪60年代初期，首先在三化螟预测中应用外部形态变化分级预测法，即根据各虫态的发育与内外部形态或解剖特性的关系细分等级，进行预测。如卵的发育、虫龄、蛹和雌蛾发育、生殖过程均可再划分为若干等级，分别叫作卵分级、虫龄的发育分级、雌成虫的卵巢分级。具体方法：选择在害虫发育阶段的关键发生期（如常年的始见期、始盛期、盛末期等），将采集的害虫标本按照不同发育阶段的形态指标进行卵分级、幼虫分级、成虫分级、卵巢分级等，并计算出各龄（类）占总样本单元数的百分率，然后加上相应发育阶段的历期，就可推算出预测的发育阶段的始盛期和盛期。这种方法是在系统调查或已研究清楚害虫发育历期的基础上进行的，可作短、中期预报，其缺点是只适用于发育历期较长的害虫，不适用于发育历期较短的害虫。

（3）期距预测法　主要是利用当地积累多年的有关害虫发生规律的资料，分析总结适合当地发生的主要害虫的任何两个发育阶段之间的时间间隔，这种有规律的时间间隔叫作"期距"。在"推算简便"后，研究时间长短与发生量的关系。它既可作发生期预测的依据，也可作发生量预测的依据。期距预测法简便易行，推算方便。期距一般不等于害虫各虫态（卵、幼虫、蛹和成虫）的历期。因为后者多是通过单个饲养观察，再求其平均值而得来的。期距则常采用自然种群群体间的时间间隔，如害虫第一代灯下蛾高峰日与第二代灯下蛾高峰日之间的期距，是集若干年或若干地区的记录材料，经统计分析而得来的时间间隔。根据多年或多次积累的资料，进行统计计算，求出某两个阶段之间的期距。期距不只限于世代与世代之间，可以是虫期与虫期之间、两个始盛日之间、两个高峰日之间、始盛期与高峰期或盛末期之间，也可以在一个世代内或相邻两个世代间，或跨越世代或虫期，或为某种自然现象与害虫的某一时期之间的期距，等等。它既可整理成多年或多次的平均期距和标准差，也可整理成相似年或相似情况下的平均期距及标准差。总之，期距从方便当地害虫预测出发，而不受世代、虫期划分的严格限制。

（4）物候学预测法　是指利用物候学知识预测害虫发生期。物候学是研究自然界的生物与气候等环境条件周期性变化相互关系的科学。生物有机体的生育周期和季节等现象之间存在着相对的稳定性，也是适应生活环境的结果。物候学预测害虫的发生就是利用这个特点。在长期的害虫测报实践中，人们积累了丰富的物候学知识。例如，柳树吐芽时是马尾松毛虫越冬代幼虫出蛰期，油菜盛花显荚时是越冬幼虫作茧化蛹期。应用物候学预测前，可以在当地选择常见植物，尤其是害虫寄主植物或与之有生态亲缘关系的物种，系统观察其生育情况，如萌芽、出土、现蕾、开花、结果、落叶等过程，或者观察当地季节性动物的出没、迁飞等，分析其与当地某些害虫发生期的关系。这必须经过多年的观察，尤其要经过气候条件变动较大的年份考验，还必须注意物候关系具有严格的地区性，不可机械照搬外地资料。在物候观察时，不但应注意物候表象与害虫某虫期同时出现的时间，最重要的是要找出害虫发生期以前的物候现象，这对于害虫的预测预报，更具有实用意义。

（5）经验性温度指标预测法　是利用害虫发生时期与气候季节性变化的密切关系，气候的季节性变化是有规律的，许多害虫各虫期的出现也依季节变化而表现出一定的规律性，因此，在有历史资料的测报站，可以依据害虫发生和气候的历年资料总结出经验性的温度指标。

二、改进有效积温法则预测害虫发生期

有效积温法则是用于害虫发生期预测的重要方法，这里以飞蝗发生期预测为例，着重介绍有效积温法则的应用与改进。

昆虫属变温动物，其生长发育有一定的温度范围。而昆虫完成某一发育阶段所需要的总热量为一常数，即总积温，也称为有效积温法则。即$T=C+K/N$，其中C为发育起点温度（℃），K为有效积温（℃·d），T为温度（℃），N为发育历期（d）。有效积温法则可以用来预测自然条件下昆虫发育进度、发生世代数及分布区域。然而在应用中，有效积温法则也存在一定的局限性。

积温学说创立于1735年，de Réaumur提出植物从种植到成熟要求一定的温度累积，从而首先提出了积温的概念，但是这一时期并没有认识到生物学零度的作用。1844年，法国科学家Gasparin对积温公式进一步改进，他认为昆虫应该在某一封闭的温度阈值以上才开始发育，提出了有效积温法则，也就是目前常用的线性模型：$T=C+KV$。1884年荷兰化学家VantHoff提出温度系数概念（Q_{10}定律），对积温学说进一步补充并做出了合理的解释，即温度每升高10℃，化学过程的速率会加快2~3倍。1923年，Houghton和Yaglou提出了有效温度的概念，开始了对作物有效温度和生物学零度及有

效积温的研究，标志着积温学说研究体系的建立。

自从有效积温法则被提出以后，不少学者曾做过各种昆虫的检验，并对此法则在计算方法方面和理论方面都做出了重要贡献。如Simpson（1903）提出积温的常数概念及对称曲线的倒数关系，阐明了恒温和变温条件下日本金龟子（*Popillia japonica*）发育存在差异，Davidson（1942）指出应用逻辑斯谛曲线、Pradhan（1945）提出的指数公式等可以用来描述温度与发育速率的关系，阳惠霖等提出变温饲养情况下自然积温的加权计算法，Arnold（1960）指出利用正弦曲线可以用于发育有效积温的计算，Baskerville和Emin（1969）利用日最高温、最低温代替平均温度能快速衡量有效积温变化。这些研究都使有效积温法则在理论上有了若干发展，使其在害虫发生期预测方面应用非常广泛。然而，利用有效积温法则预测昆虫发生期存在一定的局限性，例如对于具有休眠或滞育特性的昆虫，有效积温法则不能准确预测其发生期。林郁等曾指出了三化螟在有效温度法则问题上，实测值与计算值之间有一定的差异；并且它只在一定的温度范围内成立，即在发育适温区间内，随温度升高发育速率线性增长；在低温区间或高温区间，有效积温法则不能很好地解释昆虫发育速率与温度的关系。特别是当温度超过发育上限时，温度与昆虫发育速率关系需要做更进一步的研究。有效积温法则在预测害虫发生世代时也存在误差。例如利用有效积温法则预测东亚飞蝗发生代数理论值与实测值存在差异，海南省东方地区全年高于14.2℃，约4 000d·℃，而飞蝗完成1代约需800d·℃，因此理论上海南省东方地区飞蝗一年应发生5代，而据实际观察发现飞蝗在海南省东方地区一年仅发生4代。因此如何消除有效积温法则预测害虫发生期、发生世代造成的误差对于其应用具有重要意义。

有效积温法则在应用上的诸多限制，使一些科学家开始尝试建立一种新的模型来评价昆虫发育速率与温度的关系，期望通过建立新的模型来提高发育数据的拟合优度。20世纪70年代以来，Logan模型、表现型模型（Huey and Stevenson，1979）、Taylor模型（Taylor，1981）、Sharpe-Schoolfiled模型（Schoolfield *et al.*，1981）、王-兰-丁模型（王如松等，1982）、去除平方根的Ratkowsky模型（Ratkowsky *et al.*，1983）、Lactin模型（Lactin *et al.*，1995）、Van der Have-de Jong模型（Van der Have and de Jong，1996）、Briere模型（Briere *et al.*，1999）、Sharpe-Schoolfiled-Ikemoto模型（Ikemoto，2005；2008）、多项式模型（Sandhu *et al.*，2010）等大量非线性模型的建立，在一定程度上能够很好地反映不同温度下发育速率的变化趋势，也考虑了下限温度、上限温度对昆虫发育的影响。但是这些模型大部分都是描述性模型，不具有热动力学基础。而Sharpe-Schoolfiled模型、Van der Have-de Jong模型、Sharpe-Schoolfiled-Ikemoto模型、多项式模型等虽具有热动力学基础，但是参数太多、计算过程复杂，很难在实际生产中推广与应用。

与上述非线性模型比较，有效积温法则线性模型虽然在应用上存在局限，但是其参数少、便于理解、计算简便，且其参数具有生物学意义。因此，在传统有效积温法则基础上，通过模型改进，使其能够精确计算昆虫发育速率与温度关系，减小预测误差。Tu等（2014）以飞蝗为例，阐述了有效积温法则改进的方法。主要内容如下：首先，选择24h温度作为基础数据描述温度变化趋势，即利用HOBO Pro v2系列温度传感器可以记录每秒钟的温度数据，可以真实反映温度变化情况。其次，结合24h温度，模拟曲线，采用积分方法计算有效积温。为简化计算过程中操作步骤，以每小时为单位记录温度变化。最后，有效积温法则作为经验函数模型，需要以昆虫生物学研究为基础。以飞蝗为例，研究其发育过程中的敏感温度，结果表明其发育高温溢出点为32℃，产卵温限为21℃。最后获得了改进的有效积温法则模型：

$$Vi = \sum_{n=1}^{Ni}[\int_1^t (Tt - Ci)\mathrm{d}t] / \{Ki - \sum_{n-1}^{Ni}[\int_a^b (Tt - 32)\mathrm{d}t]\}$$

其中在卵、蛹期，Ci=14.2℃，成虫期，Ci=21℃，N为发育历期，Tt为t时刻对应的温度，a和b为高于32℃的时间点。从模型可以看出，改进后的有效积温法则不仅计算方法准确，而且又具有生物学意义。同时该方法不仅适用于蝗虫等不完全变态类昆虫，在全变态类昆虫中同样适用。与传统有效积温法则线性模型相比，改进后的模型同样可以看作是线性模型。它仅在每日温度描述上采用了积分的方法，去掉溢出高温和成虫产卵下限温度的影响，这样有助于提高温度变化趋势拟合度。对于具有休眠或滞育特性的昆虫，目前现有的模型很难合理地解释其在休眠或滞育期发育速率与温度的关系，这方面需要做更进一步的研究。改进的有效积温法则模型在理论上是对传统有效积温法则的补充，同时在应用上更加合理，便于理解、可操作性强。以害虫发育生物学数据为基础，监测该地区每日24h温度变化，采用积分计算即可精确描述昆虫发育速率与温度的关系。该方法对于有效积温法则进一步推广与应用具有重要的作用。

三、我国草原害虫发生期预测现状

目前，我国攻克了草原蝗灾精准预测难题，创建了监测预警技术体系，实现了准确率85.6%与80.3%的短期与中长期预测。采用发育敏感温度阈值与积温积分算法，建立了发生期预测模型，使预测精度提高了15%，并被美国、澳大利亚、英国等国际同行引用。

同时，分别建立了狭翅雏蝗以及蝗虫混合种群的发生期、发生量与气象因子之间的回归预测模型。通过对历史资料进行检验，符合率均为100%，预报值相对准确率平均达87%以上。刘玲等（2004）发现2004年内蒙古草原蝗虫再度大面积暴发成灾，主要分布于锡林郭勒盟西部、乌兰察布市北部、包头市以北地区和巴彦淖尔北部地区；2004年冬春高温和5月上旬的降水对上述地区蝗卵的孵化出土比较有利，蝗蝻的始见期提前11d左右。干旱和荒漠化是自2000年以来内蒙古草原蝗虫连续暴发的主要气候因素。

乌秋力等（2006）选用1980—2004年呼伦贝尔市草原蝗虫数据资料和气象资料，通过对草原蝗虫的发生和气候因素关系的分析得出：气象环境条件是影响呼伦贝尔市草原蝗虫发生的主要因素，且温度和降水是影响蝗虫发生消长的敏感气象因子。利用蝗虫发生面积资料和气象因子的相关关系，建立蝗虫发生程度的短、中、长期预测预报方法，实现对草原蝗虫动态预测，为防治决策提供气象依据。

李红宇等（2007）从内蒙古草原蝗虫发生情况和草原气候特点、草原生态环境的分布入手，分析了温度、降水量、冷空气活动、高温干旱等气象因子以及大气环流特征量与草原蝗虫栖境选择、越冬、孵化出土和蝗蝻生长的关系，筛选了影响内蒙古草原蝗虫发生的气象因子和大气环流背景指标，在此基础上建立草原蝗虫发生面积、发生期的气象预报模式，初步构建了"内蒙古草原蝗虫气象预报预测服务系统"，为草原蝗虫的预测并及时指导有关部门进行防治提供了有力支撑。气候条件对内蒙古草原蝗虫生存、栖境选择和群落变化有重要影响，秋后首次寒潮或强冷空气出现得越早，对蝗卵的威胁越大；春季土壤温度和湿度相互影响，草原蝗虫受两者的综合作用；春末夏初蝗蝻羽化至成虫期，最低温度越高，蝗蝻遭遇致死温度的概率越小；总体上，年平均温度偏高或冬季、春季、秋季出现高温天气对蝗虫发生有利。蝗虫发生除与年降水量有关外，与四季降水也有密切关联，尤其是秋季干旱对蝗虫发生影响更大。通过筛选对蝗虫生存与繁衍有明显影响的关键气象因子和大气环流特征量，分别与蝗虫发生面积、虫口密度和发生期进行回归统计分析，建立蝗虫发生面积、虫口密度和发生期预测模型，效果良好。

唐红艳等（2011）通过对草地螟各个虫态发生量与气象因子的相关分析，确定了影响一代草地螟幼虫发生的关键期和关键气象因子。在此基础上，利用气象资料，并结合春季越冬代成虫数量，采用多元回归方法建立了内蒙古兴安盟一代草地螟幼虫发生面积气象预报模型，模型通过0.05置信度检验，选入模型的因子有：5月中旬至6月上旬平均气温、5月下旬相对湿度、6月中旬相对湿度、6月中旬平均气温、越冬代成虫百步惊蛾量。为了规范和统一气象服务中的预报用语，将一代幼虫发生面积划分为5个范围，分别对应5级发生程度和发生等级。通过模型历史回代检验，回代等级与实际等级完全一致的占77%，回代与实际相差一个等级的占15%，回代与实际相差两个等级的仅占8%，3级以上（中度以上）发生年份回代准确率达到100%。应用2009年气象因子及成虫数量计算结果表明，模型预报结果为3级，属于中度发生，实际发生等级为4级，属于中度偏重发生，预报结果与实况相差一个等级。预报结果为提前了解一代草地螟幼虫发生期和发生趋势，以及有效指导当地草地螟防控工作提供参考。

第五节 发生量预测

一、原理

昆虫发生量预测是指预测害虫的发生数量或田间虫口密度，主要估计害虫未来的虫口数量是否有大发生的趋势和是否会达到防治指标。发生量预测是从害虫猖獗理论及农业经济学的观点出发来研究害虫数量消长，以此作为中、长期预报的依据。需要坚持多年，积累有关资料，预测结果才比较可靠。预测害虫在当地某一阶段可能发生的数量，分析其为害性的大小，确定是否有防治的必要性，以及防治规模和部署。预测时还要参考气候、天敌等因素，及时采取措施，做到适时防治。害虫发生数量的预测是决定防治区域、防治面积及防治次数的依据。目前，虽然有不少关于发生量预测的资料，但其总的研究进展仍远远落后于发生期预测。

害虫的发生程度可分为轻、中偏轻、中、中偏重、大发生和特大发生等若干等级。在发生量预测后到防治前，还必须调查田间实际的虫口密度，然后根据防治指标的要求，以具体落实防治对象和防治面积。

二、方法

发生量预测的方法有害虫有效基数预测法、气候图预测法等。

害虫有效基数预测法：害虫的发生数量通常与前一代有效虫口基数、生殖力、死亡率有密切关系，基数越大，下一代发生量往往也越大。该方法对一化性的害虫或一年发生世代很少的害虫预测效果好，特别是耕作制度、气候、天敌等稳定系统的预测效果较好。许多越冬代害虫在早春进行有效基数检查，如棉铃虫，并查出历年的成虫性比、每雌产卵量、幼虫到成虫死亡率等资料。其计算公式为：

$$P=P_0[e \times f \times (1-d) / (f+m)]$$

式中：P_0为上一代虫口基数，e为雌虫平均产卵量，f为雌虫数，m为雄虫数，d为死亡率，P为下一代虫口数。

气候图预测法：通常绘制气候图以月（旬）平均温度为坐标，将各月（旬）的温度与降水量或温度与相对湿度组合成为坐标点，然后用直线按月（旬）先后顺序将各坐标点连接成不规则的多边形封闭曲线，这种图就叫作"气候图"。把各年各代的气候图绘出后，再把某种害虫各代发生期的适宜温湿度主框再绘出，就可比较研究温湿度组合与害虫发生量的关系。在气候图中可明显地看出害虫大发生年（或世代）及小发生年（或世代），及发生多的地区和发生少的地区的温度与降水量，或温度与相对湿度组合是否适宜害虫发生。同时，可把各气候图相互对比，找出引起某种害虫猖獗的主导因子。还可把某种害虫的最适温湿度范围和适宜温湿度范围均绘在图上，对比研究害虫的发生量与温湿度的关系。

第六节　"3S"技术原理与方法

"3S"技术是遥感（remote sensing，RS）、地理信息系统（geography information system，GIS）和全球定位系统（global positioning system，GPS）的统称，是空间技术、传感器技术、卫星定位与导航技术计算机技术、通信技术相结合，多学科高度集成对空间信息进行采集、处理、管理、分析、表达、传播和应用的现代信息技术。在昆虫生态学及害虫综合治理领域，RS的主要作用是间接通过对害虫的栖境（如寄主作物长势）对比、分析，以监测害虫的发生动态并预测其发生趋势。GPS主要用于害虫发生地的时空定位；而GIS则通过输入遥感或地面调查获取的大量地物数据（包括应用GPS获取的定位数据），实现数据库的更新和空间分析。"3S"的集成，构成整体的、实时的和动态的对地观测、分析和应用的运行系统。目前"3S"技术结合大数据分析已经广泛应用到昆虫生态学领域，在农、林、牧等领域害虫的监测、预测与管理中发挥着越来越大的作用。

一、GIS在害虫监测中的应用

GIS是一项以计算机为基础的新兴技术，围绕着这项技术的研究、开发和应用形成了一门交叉性的学科，是管理和研究空间数据的技术系统。在计算机软硬件支持下，它可以对空间数据按地理坐标或空间位置进行各种处理，对数据进行有效管理，研究各种空间实体及其相互关系。GIS通过对土壤因素、地理因素和气象因子等多因素的综合分析，可以迅速地获取满足应用需要的信息，并能以地图、图形或数据的形式表示处理结果。GIS在害虫管理工作中的应用潜力巨大，为害虫管理工作提供了新的途径和方法。

近年来，GIS已广泛应用于害虫综合治理领域，主要运用空间分布格局间的时空分析和叠置分析来查明害虫发生的适宜生境及影响因子。目前，对GIS在昆虫生态学中的应用主要集中在害虫空间格局分布、空间插值和估计、种群时空动态以及暴发情况等。主要进展如下。

害虫暴发、迁移扩散趋势预测与动态分析：GIS技术能利用历史上已积累的昆虫统计数据，进行空间定位，通过空间分析建立相应的线性统计模型，对害虫暴发及迁移扩散趋势进行预测。最常用的方法是专题地图显示，即通过叠加行政区划图、土壤类型图和气候要素图等专题图，利用GIS的空间分析功能来确定害虫的适应性分布。Johnson

（1989）用GIS研究了历史上蝗虫暴发与土壤特征的相关性，以及与降水的关系，发现蝗虫的猖獗与土壤类型而不是土壤结构有关，且降水与其种群密度显著相关，并绘制了其发生程度的空间分布图。

害虫空间分布动态监测：害虫空间分布与动态监测主要是利用GIS结合GPS和RS来进行的。韩秀珍等（2003）对蝗虫生境特征、历史蝗灾记录和蝗害发生时有关数据进行集成和分析，可提供蝗灾时空变化、蝗灾范围、蝗灾程度和灭蝗的最佳时段等重要信息。

分析单一昆虫种群结构动态规律及迁移趋势：在昆虫生态学研究中，区域化变量存在空间相关性，GIS的半方差函数为定量区域化变量的空间相关性提供了方法和工具。Kemp等（1987，1989）研究证明蝗虫在1m至100km范围的距离存在空间相关性；并根据不同尺度的变差图，证明舞毒蛾卵块在25m至50km范围聚集，说明了GIS在昆虫大范围空间相关性预测的应用价值。季荣等（2006）利用GIS分析了东亚飞蝗（*Locusta migratoria manilensis* Meyen）卵块的空间异质性及分布格局，准确地描述了飞蝗卵块在研究区域内的空间分布、形状、地理位置及相对位置。宗世祥等（2005）运用生物学统计方法和GIS方法对沙棘木蠹蛾（*Holcocerus hippophaecolus*）卵、幼虫和蛹的空间分布进行了研究，并确定了最适宜的样方大小。

分析害虫与其天敌的动态关系：除了研究害虫种群的空间格局特性，GIS还被广泛用于研究天敌与害虫之间的关系，这为保护利用天敌，合理释放天敌提供理论基础。运用GIS研究棉蚜（*Aphis gossypii* Glover）和草间小黑蛛（*Erigonidium graminicolum* Sundevall）的种群空间格局，发现二者的拟合半变异函数曲线表现为球形，空间格局均为聚集型，并且草间小黑蛛与棉蚜种群在数量和空间上有较强的追随关系，说明草间小黑蛛种群是棉蚜种群的优势种天敌。

随着信息技术的发展，GIS技术凭借其对空间数据强大的处理能力，已经被广泛地应用到昆虫生态学领域中，并且取得了一定的成效。但GIS在组建害虫相关的数据库、害虫综合管理信息系统，以及与其他模型或系统结合等方面还需要继续深入研究。现实生活中，各种因子都不是孤立存在的，均会受到周围其他因素的影响。随着科学技术的不断发展，自然科学的继续延展，GIS与新型信息技术、新兴学科的结合，都将加速GIS的发展及应用。

二、RS在害虫监测中的应用

RS一般是通过3种途径来监测害虫的：害虫本身；害虫的寄主植物及其所造成的为害；有利于害虫种群发展的环境。对害虫种群的时空动态进行遥感监测，需要选择合适的时空分辨率及其相应的遥感系统。对害虫进行直接观察需要厘米级的空间分辨率，昆虫学雷达或光学装置可以满足这个要求；对害虫的寄主植物及其所造成的为害进行识别需要米级的分辨率，可以通过航空遥感的手段来进行；监测大尺度的环境情况需要数十米或千米级的分辨率，可以通过不同类型的地球轨道卫星来实现。如地球观察卫星Landsat和SPOT具有数十米级的空间分辨率，而气象卫星如NOAA和Meteosat可提供千米级的空间分辨率的图像数据。监测昆虫种群动态，不仅需要有合适的空间分辨率，而且也要选择合适的时间分辨率，即合适的监测周期。中、小尺度的实时监测可以应用地面雷达进行昼夜不间断的监测；而不同周期的地球卫星（如地球观察卫星Landsat、MODIS）进行数据采集，可分别为中、长期或短期的害虫暴发预警提供数据服务。

1. 对害虫本身的遥感

受昆虫本身的个体大小、可移动性和种群所在空间尺度的影响，对昆虫种群本身进行早期卫星监测难度很大，目前尚无先例。然而，可以通过昆虫雷达、光学系统，以及航空摄影、摄像的方式直接监测迁飞性害虫的动态。在害虫管理研究中使用最多的遥感技术是雷达，而这种雷达系统通常都附有一种可视的在近红外区工作的光学装置。雷达的基本原理是根据无线电波从目标反射回来的能量来推断目标的位置。雷达最初是用于跟踪、监测如舰船、航空飞行器一类的大的目标物，而不是如昆虫这样小的可移动个体。但由于昆虫体内含水率较高，而水与金属都是雷达信号较好的反射体，因而雷达可有效用于昆虫个体的监测。同卫星、航空遥感相比，雷达可昼夜无干扰地监测自然迁飞的害虫，而且其监测范围超过1km。最常用于观测昆虫的雷达是脉冲雷达，即从天线发射足够能量、足够短的脉冲波束检监测目标。用于昆虫的脉冲雷达主要有以下几种类型：扫描雷达、垂直波束雷达、机载雷达、毫米波雷达、谐波雷达、跟踪雷达等。

雷达技术在害虫管理中应用的重点是监测害虫的迁飞，而对于害虫迁飞行为及其机制的了解与掌握是制定有效的控制策略的关键。比如应用雷达技术已初步探明了昆虫的起飞与降落、成层与边界层顶、定向及聚集机制。这些研究结果不仅澄清了以前人们对昆虫迁飞行为的一些错误认识（如昆虫的迁飞并不总是被动地顺风而行，而是有选择地在某种高度和一定的方向上主动飞行），而且有助于研制更精确的种群预测和模拟模型，有助于了解和掌握杀虫剂抗性基因型的扩散及分布趋势。目前，雷达技术在害虫管理中的应用范围已涉及几乎所有重要的迁飞性害虫，如草地螟、沙漠蝗、非洲黏虫、舞毒蛾等，它在对迁飞害虫的动态监测中发挥着不可替代的作用。

2. 对害虫的寄主植物及其所造成为害的遥感

对昆虫产生为害的监测采用遥感雷达，它只能监测害虫的迁飞，无法识别其为害，而航空遥感可以弥补这方面的不足。应用航空遥感不仅能够监测中、小尺度的害虫迁飞行为，而且对于非迁飞性害虫所造成的为害也能够识别。航空遥感包括摄影和摄像，航空摄影的优势在于可以快速地监测大范围的或难以接近的害虫栖息生境，精确地描绘并记录害虫对寄主作物所造成的为害情况。现在航空摄影已越来越多地被航空摄像所补充，航空摄像已单独或与摄影相结合应用于航空监测领域。航空摄像具有连续获取并即时显示正在获取的目标图像的能力，还有方便记录每个图像的位置和方向信息、近红外的敏感性及好的波谱分辨率等优点。害虫对于寄主植物的为害一般都有一定的为害症状或特征，这些为害症状通过遥感探测可以显示为相应的波谱特征，通过对这些波谱特征的分析就能够了解害虫的为害情况。当然，要将害虫所造成的为害与其他原因产生的为害特征相区别，还必须结合地面调查来验证。应用遥感监测害虫的为害可以了解害虫在整个区域的为害情况，为制定区域性害虫综合管理策略提供依据。

3. 对害虫栖息环境的遥感

对害虫栖息环境进行遥感监测是遥感技术在害虫管理中最重要的应用。只有通过了解和掌握害虫本身的数量增长规律及其影响因子，建立合适的模拟模型，在此基础上对这些因子进行周期性的监测，才能够进行有效的预测。卫星遥感具有雷达和航空遥感所无法替代的优点，如监测的空间范围广、可选波段多、获取图像便利等。就害虫种群动态而言，需要遥感监测的主要环境因子包括寄主植物、降水和大气温度等。寄主植物的生长发育及分布状况将直接影响害虫种群的生长、发育和分布。因此，寄主植物既是卫星遥感监测的主要目标，也是监测害虫种群动态的基础。这是因为通过卫星遥感图像不仅能区分出害虫的生境，还可进一步通过对害虫生境的绿度及其特征的识别，推断出可能发生灾害的区域。例如，对澳大利亚昆士兰州西南部及澳大利亚东南部地区的蝗虫监测研究表明，使用Landsat/MSS图像可以有效监测出蝗虫赖以生存的绿色植被及其动态；借助Landsat/TM图像对北非苏丹红海沿岸一带的沙漠蝗研究表明，通过TM图像预判和蝗虫生境有关的自然特征进行分析，确定出沙漠蝗有代表性的生境类型，然后应用GPS进行实地调查并对生境类型计算机分类中所用的模拟区进行准确定位，在此基础上，用最大似然分类法对蝗虫生境类型进行分类。此外，还应用GIS技术对沙漠蝗生境的有关参数进行数据建库、分析与制图，并将其与遥感生境分类图像进行复合，从而获得研究区的"沙漠蝗潜在繁殖区分布图"。

卫星遥感不仅能够直接监测害虫的寄主植物，而且还可监测其他环境变量（如降水和大气温度）。就影响程度而言，降水可能是决定害虫生境适合度最重要的环境变量，而且也是时空变异最大的变量；其他变量（如温度、光照等）对于决定昆虫种群发展的适宜生境也具有重要作用。应用气象卫星可比较准确地预测中、长期的天气情况（包括降水和气温），对开展害虫的中、长期预测预报提供了有力的支持。

应用卫星遥感监测影响害虫种群动态的关键因子，通过因子的定量化并输入相应的模拟模型，就可实现对害虫种群的预测。在组建害虫种群动态模拟模型时，需要选择合适的统计学或生物学方法，还必须将GIS与遥感相结合。而对于迁飞性害虫的研究则要复杂得多，这主要依赖模型模拟和评估。一方面是通过害虫迁飞模型预测未知地区可能遭受害虫侵入的概率，或通过简单的害虫迁飞路径分析其起飞地和目的地；另一方面是通过生境适宜性模型评估害虫在某地的发生概率。为了建立生境适宜性模型，首先必须明确对种群数量变化影响最大的种群变量及其相应的环境因子，然后应用GIS和地统计学的空间分析与模拟方法去说明种群发展的环境适合度分布，在此基础上，即可组建合适的生境适宜性评估模型。

展望未来，RS在昆虫生态学中的应用趋势将逐渐增强。其一，雷达、航空和卫星遥感将各自发挥其独特的作用，综合应用于害虫的立体化实时监测。其二，RS和GIS、GPS、计算机视觉技术以及近地面红外技术等相结合，使得针对害虫发生的数据获取、数据库组建、空间分析、预测预警和田间管理实现实时化、一体化和精确化。遥感图像的时空分辨率进一步提高，实用性增强。随着技术的进步，多光谱、高光谱和更短时相的遥感数据将源源不断地产生，这将为方便、精确地分析昆虫种群动态提供强大的支持。其三，应用范围扩大。随着遥感数据价格的降低和共享化程度的提高，数据的应用领域和范围必将进一步扩大。

三、GPS在害虫监测中的应用

GPS可全球、全天候工作，具有定位精度高、工作效率高、操作简便、功能多等特点，其应用领域不断扩大。GPS由3个独立的部分组成：一是空间部分，由卫星组成，这种配置可实现24h全球覆盖，可以保证地球上任何地点的用户在任何时候至少能看到卫星监测数据；二是地面支撑系统；三是用户设备部分，接收GPS卫星发射信号，以获得必要的导航和定位信息及观测测量数据，经数据处理，完成导航和定位工作。GPS定位的基本原理是根据高速运动的卫星瞬间位置作为已知的起算数据，采用空间距离后方交会的方法，确定待测点的位置。由卫星不间断地发送自身的星历参数和时间信息，用户接收到这些信息后，经过计算得出接收机的三维位置、三维方向以及运动速度和时间信息。

利用GPS对害虫进行跟踪监测定位，确定害虫的迁飞路线、种群数量和为害程度，是现代信息技术在植物保护中的具体应用。1992年美国宾州大学采用GPS技术对当地迁飞性害虫欧洲玉米螟进行了成功的跟踪与监测，并提出防治意见，这是GPS在农业植物保护上最早的应用。联合国粮农组织（FAO）的治蝗专家推出了一种有效的监测方法，即使用GPS和一台便携式电脑，精确记录周围$10m^2$内蝗虫活动情况，通过便携式电脑（内装专门软件）将有关信息经车载无线电传输给治蝗办公室。由于蝗虫迁移速度很快，一天多达100km，此种方法迅速准确，是以前的手工记录所无法比拟的。

目前，联合国粮农组织已在18个国家使用了GPS和便携式电脑。实践证明该仪器工作良好，并且经受住了高温和沙暴的考验。草原蝗虫是为害中国广大草原地区的主要昆虫之一，针对草原蝗虫的生态特征，实现草原蝗虫生境类型的划分，是草原蝗灾管理迫切需要解决的课题之一。蒋建军等（2002）收集GPS定位的野外调查资料，从遥感图像处理、地理数据、专家知识一体化的角度出发，进行环青海湖地区草原蝗虫生境类型的分类研究，其分类精确度为84.23%，为进一步加强环青海湖地区草原蝗虫的管理提供了科学依据。今后，随着我国北斗卫星系统的逐步组网和应用，将为草地害虫监测预警提供强有力的技术支撑。

第七节　草原害虫测报体系及标准化建设

目前，我国形成了以草原蝗虫、草地螟、沙葱萤叶甲等为主的草原害虫测报体系，主要工作进展如下。

一、地面调查和观测

20世纪末农业部颁发了《草原治虫灭鼠实施规定》，要求各级预测预报站要做好虫、鼠害调查工作，掌握虫、鼠害发生发展动态，及时向各级政府和受害区农牧民发出虫、鼠害预报，指导群众进行防治。21世纪以来，全国各级草原害虫测报站点长期坚持开展草原害虫的测报工作，逐步规范常规调查操作流程，每年分春季（4—5月）、秋季（10—11月）、螨期（5—6月）、防控期（6—8月）、防控后（8—9月）开展5次虫情调查，进行虫卵越冬基数、越冬存活率、虫卵孵化率、为害面积、严重为害面积、为害程度、天敌、防控面积、防控效果、持效期等内容的调查，摸清害虫种类、发生区域、发生时间和最佳防控期等基本情况，并结合气象资料和历年发生情况，开展长、中、短期草原虫害发生趋势预测。

经过调查，摸清了我国主要草原害虫的发生时间和特点，我国草原上常见害虫有278种，隶属于直翅目、鞘翅目、鳞翅目、半翅目、同翅目等。在草原害虫信息管理系统软件中，建立了278种害虫的本底数据库，详细记录了分类地位、形态特征、生活习性、地理分布等多个指标。在多年的监测与防控工作中，各级草原技术推广部门基本掌握了主要害虫的发生时间，发现各地害虫种类及发生时间存在明显的差异，有效指导了来年监测与防控工作。

二、固定观测点

2009年，在河北、山西、内蒙古、辽宁、吉林、黑龙江、四川、甘肃、青海、宁夏、新疆等13个省（区、市）及新疆生产建设兵团草原虫害常发区及重发区，布设了

26个草原害虫固定监测站，对样地内草原类型、土壤类型、地貌特征、主要建群植物、植被高度、植被盖度、产量、害虫种类、龄期、密度、出土时间、越冬情况、胚胎发育进度、越冬代幼虫化蛹情况、成虫羽化进度、卵巢发育级别、寄主植物等内容进行全面系统监测（表2-1）。目前，草原害虫固定监测点定位观测与常规调查相结合的调查模式已建立，为完善监测预警模型、提高科学预测精度、指导防控工作奠定了坚实基础。

表2-1　全国草原害虫固定监测情况　　　　　　　　　　　　　　　单位：种

监测虫种	数量	监测地点与数量
草原蝗虫	15	新疆（4）、内蒙古（6）、辽宁（1）、四川（2）、青海（1）、甘肃（1）
草地螟	11	内蒙古（4）、新疆（2）、河北（1）、山西（1）、吉林（1）、黑龙江（1）、宁夏（1）

三、测报队伍建设

针对草原害虫发生面积大、害虫分布广、专业技术人员少、测报盲点多、工作难度大的状况，从2006年起，按照"每6 667hm²（10万亩）草原害虫常发区配备1名测报员"的目标，全国畜牧总站组织各地着手建立草原害虫村级农牧民测报员网络体系。截至2011年底，全国已聘请草原村级农牧民测报员5 109名，形成了村级农牧民测报员测报队伍，健全了"国家—省（区）—市（盟、州）—县（旗）—草原村级农牧民测报员"五级测报体系，完善常规监测与农牧民常年测报相结合的调查机制和方法，强调第一时间发现并上报虫情。草原害虫村级农牧民测报员体系的建立，对于缩短测报时间、减少迟报漏报、实现对草原害虫的有效监控，以及及时制定和实施科学的防控方案具有非常重要的意义。

四、草原害虫信息管理系统

从2005年起，我国研究开发了草原害虫信息管理系统软件，该软件具有数据录入、数据导入、数据导出、数据筛选、统计分析、信息查询、纵向统计、横向统计、错误校验、上报报表以及发生区、防控区上图等功能，能逐级实时传送草原害虫发生与防控情况。为进一步完善数据采集，2006年又研发了数据采集PDA终端，将野外调查内容固化进软件，规范数据录入格式，实现了野外数据采集简单化、规范化。目前，草原害虫管理系统在全国13个省（区、市）和新疆生产建设兵团的600多个县（市、旗、团场、区）业务化运行，在害虫发生期，每周定期逐级报送草原害虫发生与防控情况，实现了信息采集、录入的标准化和信息储存、管理、统计、分析、传输的自动化，确保了数据准确性，提高了工作效率，使我国草原害虫防控工作向系统化、信息化、网络化管理迈出了坚实一步。

五、草原害虫实时预警

利用草原害虫信息管理系统软件，建立常见草原虫害基础数据库，将常规的野外调查方法与"3S"（GPS、GIS、RS）技术结合，运用"3S"技术、地面调查技术和统计学原理，根据草原害虫生长发育、种群发展与有关生态因子的相关关系，初步建立了7种（类）主要草原害虫"3S"监测预警模型，并结合多期各地测报数据，预警当年发生程度和发生区域，实现了草原害虫预警的空间化。2005—2011年，农业部每年3月会商当年草原害虫发生趋势，2008—2018年，每年春季均发布草原害虫监测预警报告，指导当年的防控工作。同时，各省（区、市）在大量调查的基础上，也定期发布预警报告，上下联动，预警机制更加完善。

六、草原害虫监测技术规范

为了推广和规范草原害虫监测与防治技术，全国畜牧总站及地方草原技术推广部门制定了《草原蝗虫调查规范》（NY/T 1578—2007）、《草原蝗虫宜生区划分与监测技术导则》（GB/T 25875—2010）、《西藏飞蝗预测预报技术规程》（DB51/T 1291—2011）、《草原毛虫预测预报技术规程》（DB51/T 1478—2012）、《草原虫害直升飞机防治技术规范》（DB63/T 1415—2015）等国家、行业、地方及试行技术标准规范16部。

七、科学研究与预测预报

重视主要害虫种群生物学、生态学特性，以及虫灾发生机理的研究，这是控制害虫的基本依据，对准确预测预报灾害发生时间和程度尤为重要。深入分析影响草原害虫发生的生物和非生物因子，尽力阐明各项因子对害虫发生可能的贡献率，建立各种害虫预测预报的专家系统和模型，能够给草原管理者和经营者提供理论和技术援助。同时，可借助一些最新技术成果，用于草原虫灾预测预报当中，为有效预测草原害虫发生提供帮助。例如，综合应用"3S"技术全面调查和评估每种害虫发生地的景观特征及其影响发生的关键因子，建立适用于全国不同草原类型的害虫实时监测及预警网络系统；对不同生态地理区成灾害虫的种类、发生期、发生量、发生程度及发生强度进行长期追踪监测，制定出成灾害虫的中长期测报技术和具体防治对策。

另外，重视全球气候变化对草地害虫预测预报工作带来的新的挑战，深入研究气候变化直接或间接对草地害虫空间分布格局、数量动态和发生时间的影响，研制长期的、针对性强和准确的计算机预警模型，对草原害虫的发生时期、发生程度以及发生范围等做出精确预测，为科学管理决策提供依据。

八、草原蝗灾监测预警体系

针对草原蝗灾监测预警技术匮乏的问题，研制了实时数据采集终端，研发了草原蝗灾监测预警体系。创建了基于宜生指数模型判别的预警分级：I级预警，HI≥4，红色，严重为害区；Ⅱ级预警，3≤HI<4，橙色，为害区；Ⅲ级预警，2≤HI<3，黄色，潜在为害区；Ⅳ级预警，HI<2，蓝色，无为害区。近10年分级预警精度达85.0%，并成功地应用于草原蝗灾分级分区防控。

【本章结语】

草原害虫发生与生态因子紧密相关，明确气候等环境因子对害虫的作用规律，能够有效支撑草原害虫的监测预警和防控。开展草原害虫预测预报工作，主要是为了及时、准确、全面科学地预测未来草原害虫的发生趋势，掌握害虫发生动态和灾情发生情况，给草原害虫防治工作提供科学依据。健全测报体系、完善调查方法、改进技术手段是未来提高草原害虫监测预警能力的关键技术环节。

主要参考文献

常晓娜, 高慧璟, 陈法军, 等, 2008. 环境湿度和降雨对昆虫的影响[J]. 生态学杂志, 27(4): 619-625.

陈元生, 陈超, 刘兴平, 等, 2013. 光温条件明显影响棉铃虫的滞育强度[J]. 昆虫学报, 56(2): 145-152.

程立生, 2001. 植物次生性物质与植物抗虫性的关系及其在害虫防治中的应用前景[J]. 华南热带农业大学学报, 7(1): 232.

党志浩, 陈法军, 2011. 昆虫对降雨和干旱的响应与适应[J]. 应用昆虫学报, 48(5): 1161-1169.

段小凤, 王晓庆, 李品武, 等, 2015. 几种环境因子对昆虫适应性影响的研究进展[J]. 中国农学通报, 31(14): 79-82.

戈峰, 2002. 现代生态学[M]. 北京: 科学出版社.

戈峰, 2007. 昆虫生态学原理与方法[M]. 北京: 科学出版社.

韩秀珍, 马建文, 罗敬宁, 等, 2003. 遥感与GIS在东亚飞蝗灾害研究中的应用[J]. 地理研究, 22(2): 253-260.

郝立武, 2011. 地理信息系统和地质统计学在昆虫生态学中的应用[J]. 农业工程, 1(3): 96-99.

黄训兵, 吴惠惠, 秦兴虎, 等, 2015. 基于投影寻踪模型的草原蝗虫栖境评价及风险评估[J]. 草业学报, 24(5): 25-33.

黄训兵, 吴惠惠, 张泽华, 等, 2014. 一种草地植被亚型的建立及数字化表示方法[P]. 专利号: ZL 201410397373. 7.

黄训兵, 张洋, 曹广春, 等, 2013. 苜蓿和冷蒿对意大利蝗生长及生殖力的影响[J]. 环境昆虫学报, 35(5): 617-622.

黄训兵, 张泽华, 吴惠惠, 等, 2015. 草地植被RGB色谱叠图数字化显示方法[P]. 专利号: ZL201310739793. 4.

季荣, 谢宝瑜, 李哲, 等, 2006. 基于GIS和GS的东亚飞蝗卵块空间格局的研究[J]. 昆虫学报, 49(3): 410-415.

蒋建军, 倪绍祥, 韦玉春, 2002. GIS辅助下的环青海湖地区草地蝗虫生境分类研究[J]. 遥感学报, 6(5): 387-392.

景晓红, 郝树广, 康乐, 2002. 昆虫对低温的适应: 抗冻蛋白研究进展[J]. 昆虫学报, 45(5): 679-683.

康乐, 1995. 环境胁迫下的昆虫-植物相互关系[J]. 生态学杂志(5): 51-57.

康乐, 李鸿昌, 陈永林, 1989. 内蒙古锡林河流域直翅目昆虫生态分布规律与植被类型关系的研究[J]. 植物生态学与地植物学学报, 13(4): 341-349.

李红宇, 2007. 内蒙古草原蝗虫发生气象预测初步研究[D]. 北京: 中国农业科学院.

李磊, 邹运鼎, 毕守东, 等, 2004. 棉蚜和草间小黑蛛种群空间格局的地统计学研究[J]. 应用生态学报, 15(6): 1043-1046.

李占虎, 2010. 森林病虫害可持续控灾与治理[J]. 农家之友: 理论版(4): 54, 58.

刘向东, 张孝羲, 赵娜珊, 等, 2000. 棉蚜对棉花生育期及温度条件的生态适应性[J]. 南京农业大学学报, 23(4): 29-32.

罗亮, 马德英, 邢海业, 等, 2008. 棉蚜与瓢虫空间格局及种群时序动态耦合关系的地统计学分析[J]. 新疆农业大学学报, 31(1): 36-42.

马景川, 黄训兵, 秦兴虎, 等, 2017. 放牧干扰对典型草原植被光谱及蝗虫密度的影响[J]. 植物保护, 43(6): 6-10.

秦兴虎, 吴惠惠, 黄训兵, 等, 2015. 内蒙古典型草原蝗虫群落结构和生态位研究[J]. 植物保护, 41(5): 17-25.

全国农业技术推广服务中心, 2014. 农作物重大有害生物治理对策研究[M]. 北京: 中国农业出版社.

石丹丹, 2016. 森林害虫发生期预测方法探讨[J]. 黑龙江科技信息(13): 280-280.

孙桂霞, 2012. 环境胁迫对长颚斗蟋翅型分化的影响[D]. 长沙: 中南林业科技大学.

孙儒泳, 2008. 基础生态学[M]. 北京: 高等教育出版社.

孙绪艮, 王兴华, 李恕廷, 2001. 昆虫的耐寒机制及其研究进展[J]. 山东农业大学学报(自然科学版), 32(3): 393-396.

覃贵勇, 李庆, 2013. 温度对加州新小绥螨捕食作用影响及高温耐饥饿能力研究[J]. 西南农业学报, 26(3): 1034-1037.

涂雄兵, 张泽华, 黄训兵, 等, 2012. 一种飞蝗发育溢出积温的计算方法[P]. 专利号: ZL 20120389167. 8.

王长委, 胡月明, 谢健文, 等, 2009. 基于GIS稻飞虱种群变化时空分析[J]. 农业工程学报, 25(10): 171-175.

王正军, 李典谟, 商晗武, 等, 2002. 地质统计学理论与方法及其在昆虫生态学中的应用[J]. 应用昆虫学报, 39(6): 405-411.

王正军, 张爱兵, 李典谟, 2003. 遥感技术在昆虫生态学中的应用途径与进展[J]. 应用昆虫学报, 40(2): 97-100.

吴蕾, 2010. 环境胁迫对西藏飞蝗成虫取食生长和抗氧化酶系统的影响[D]. 成都: 四川农业大学.

向昌盛, 袁哲明, 2009. 地统计方法在昆虫学研究中的应用[J]. 中国农学通报, 25(17): 191-194.

杨轶中, 陈顺立, 黄炜东, 等, 2006. 萧氏松茎象幼虫空间格局的地统计学分析[J]. 福建林学院学报, 26(2): 123-126.

于崇海, 宋晓峰, 2009. 森林病虫害防治工作现状及应对措施[J]. 北方经贸(9): 189-189.

张树材, 2012. 浅谈森林病虫害的发生原因与治理对策[J]. 科技创新与应用(27): 263-263.

张未仲, 吴惠惠, 刘朝阳, 等, 2013. 亚洲小车蝗在不同生境中的群落动态研究[J]. 植物保护, 39(2): 25-30.

赵成章, 周伟, 王科明, 等, 2011. 黑河上游蝗虫与植被关系的CAA分析[J]. 生态学报, 31(12): 3384-3390.

郑许松, 张发成, 徐红星, 等, 2008. 全球变暖对农业害虫的影响及褐飞虱猖獗的相关性分析[M]. 北京: 中国农业出版社: 147-151.

周强, 张润杰, 1998. 地质统计学在昆虫种群空间结构研究中的应用概述[J]. 动物学研究, 19(6): 482-488.

周荣, 曾玲, 陆永跃, 等, 2004. 温度对椰心叶甲取食量的影响[J]. 中山大学学报(自然科学版), 43(4): 41-43.

朱朝华, 骆焱平, 陈士伟, 2005. GPS在植物保护中的应用[J]. 广西热带农业(1): 18-20.

宗世祥, 骆有庆, 许志春, 等, 2005. 沙棘木蠹蛾卵和幼虫空间分布的地统计学分析[J]. 生态学报, 25(4): 831-836.

Belovsky G E, Jennifer B S, 1995. Dynamics of two Montana grasshopper populations: relationships among weather, food abandance and intraspecific competion[J]. Oecologia, 101: 383-396.

Bernays E A, Bright K L, 2005. Distinctive flavours improve foraging efficiency in the polyphagous grasshopper, *Taeniop odaeques*[J]. Anim. Behav., 69: 463–469.

Brandle M, Amarell U, Auge H, *et al.*, 2001. Plant and insect diversity along a pollution gradient: understanding species richness across trophic levels [J]. Biodiversity & Conservation, 10(9): 1497–1511.

Cease A J, *et al.*, 2012. Heavy livestock grazing promotes locust outbreaks by lowering plant nitrogen conten[J]. Science, 335: 467–469.

De Witt T J, Scheiner S M, 2004. Phenotypic Plasticity: Functional and Conceptual Approaches[M]. Oxford: Oxford University Press.

Gribko L S, Liebhold A M, Hohn M E, 1995. Model to predict gypsy moth（Lepidoptera: Lymantriidae）defoliation using kriging and logistic regression[J]. Environmental Entomology, 24(3): 530–537.

Hoffmann A A, Hercus M J, 2000. Environmental Stress as an Evolutionary Force[J]. Bioscience, 50(3): 217–226.

Hohn M E, Liebhold A M, Gribko L S, 1993. Geostatistical model for forecasting spatial dynamics of defoliation caused by the gypsy moth（Lepidoptera: Lymantriidae）[J]. Environmental Entomology, 22(5): 1066–1075.

Huang X B, Ma J C, Qin X H, *et al.*, 2017. Biology, physiology and gene expression of grasshopper *Oedaleus asiaticu s*exposed to diet stress from plant secondary compounds[J]. Scientific Reports, 7(1): 8655.

Huang X B, Mcneill M R, Ma J C, *et al.*, 2017. Biological and ecological evidences suggest *Stipa krylovii*（Pooideae）, contributes to optimal growth performance and population distribution of the grasshopper *Oedaleus asiaticus*[J]. Bulletin of Entomological Research, 107(3): 401–409.

Huang X B, Mcneill M R, Ma J C, *et al.*, 2017. Gut transcriptome analysis shows different food utilization efficiency by the grasshopper *Oedaleous asiaticus*（Orthoptera: Acrididae）[J]. Journal of Economic Entomology, 110(4): 1831–1840.

Huang X B, Mcneill M, Zhang Z H, 2016. Quantitative analysis of plant consumption and preference by *Oedaleus asiaticus*（Acrididae: Oedipodinae）in changed plant communities consisting of three grass species[J]. Environmental Entomology, 45(1): 163.

Huang X B, Whitman D W, Ma J C, *et al.*, 2017. Diet alters performance and transcription patterns in *Oedaleus asiaticus*（Orthoptera: Acrididae）grasshoppers[J]. Plos One, 12(10): e0186397.

Huang X B, Wu H H, Richard M N M, *et al.*, 2016. Quantitative analysis of diet structure by real-time PCR, reveals different feeding patterns by two dominant grasshopper species[J]. Scientific Reports, 6: 32166.

Huang X B, Wu H H, Tu X B, *et al.*, 2016. Diets structure of a common lizard *Eremias argus*, and their effects on grasshoppers: implications for a potential biological agent[J]. Journal of Asia-Pacific Entomology, 19(1): 133–138.

Johnson D L, 1989. Spatial autocorrelation, spatial modeling, and improvements in grasshopper survey methodology[J]. Canadian Entomologist, 121(7): 579–588.

Kemp W P, 1987. Probability of outbreak for rangeland grasshoppers（Orthoptera: Acrididae）in Montana: application of markovian principles[J]. Journal of Economic Entomology, 80(6): 1100–1105.

Kemp W P, Kalaris T M, Quimby W F, 1989. Rangeland grasshopper（Orthoptera: Acrididae）spatial variability: macroscale population assessment[J]. Journal of Economic Entomology, 82(5): 1270–1276.

Ma J C, Huang X B, Qin X H, *et al.*, 2017. Large manipulative experiments revealed variations of insect abundance and trophic levels in response to the cumulative effects of sheep grazing[J]. Scientific Reports, 7(1): 11297.

Qin X H, Hao K, Ma J C, Huang X B, *et al.*, 2017. Molecular ecological basis of grasshopper（*Oedaleus asiaticus*）phenotypic plasticity under environmental selection[J]. Frontiers in Physiology, 8: 770.

Schaap M G, Leij F J, 2000. Improved prediction of unsaturated hydraulic conductivity with the Mualem-van

Genuchten model [J]. Soil Science Society of America Journal, 64(3): 843–851.

Singh M P, Reddy M M, Mathur N, *et al.*, 2009. Induction of hsp70, hsp60, hsp83 and hsp26 and oxidative stress markers in benzene, toluene and xylene exposed Drosophila melanogaster: role of ROS generation [J]. Toxicology & Applied Pharmacology, 235(2): 226–243.

Stafford J V, Miller P C H, 1992. Spatially selective application of herbicide to cereal crops [J]. Computers & Electronics in Agriculture, 9(93): 217–229.

Tu X B, Li Z H, Wang J, *et al.*, 2014. Improving the degree-day model for forecasting *Locusta migratoria manilensis*（Meyen）（Orthoptera: Acridoidea）[J]. PloS One, 9(3): e89523.

第三章　草原害虫防治原理与方法

【本章摘要】

本章围绕草原害虫防治原理与方法，介绍了害虫发生的原因和防治的基本途径、生态经济阈值和害虫治理中的"3R"问题；详细概述了植物检疫、物理防控、化学防治、生物防治、生态调控、害虫综合治理等草原害虫防控策略；提出了以生物防治、生态治理为主的指导思想，构建了以草原害虫可持续防控技术体系为主的发展理念。

【名词解释】

生物防治：利用有益生物或其他生物来抑制或消灭有害生物的一种防治方法。

害虫综合治理（IPM）：根据生态学的原理和经济学的原则，选择最优化的技术组配方案把有害生物种群数量较长期地稳定在经济损害水平以下，以获得最佳的经济、生态和社会效益。

生态经济阈值：在进行有害生物治理时，一方面应在生态学原则的基础上兼顾经济学上的合理性，另一方面在精确计算经济学时也应考虑到生态学因素。

"3R"问题：农药残留（residue）、害虫抗性（resistance）和再猖獗（resurgence）。

第一节　害虫防治原理

害虫防治是一个复杂的工程，由于人们对自然界生物之间相互依存、相互制约的规律认识不足，缺乏生态系统的整体概念，过分强调了化学农药的作用，导致了近年来日趋严重的"3R"问题（即农药残留residue、害虫抗性resistance和害虫再猖獗resurgence）及与之相关的防治成本不断增加的趋势。为解决上述问题，国内外学者提出了"害虫综合治理（IPM）"的理论，主张以生物防治作为害虫综合治理的主要内容，构建草原害虫可持续防控技术体系。

一、害虫发生原因和防治基本途径

1. 虫源

害虫的发生必须要有害虫的来源，即虫源。虫源包括本地虫源和外地迁入虫源。如水稻三化螟的初次虫源是当地的越冬种群，即本地虫源。本地不能越冬的迁飞性害虫，其初次虫源是外地迁入虫源，如我国多数稻区褐飞虱的虫源地主要是中南半岛。害虫的发生还伴有其他地区或国家害虫的入侵为害。一般来说，虫源基数越大，侵入的个体越多，发生灾害的可能性就越大，如亚洲小车蝗和草地螟的迁飞为害。

2. 适宜害虫生存和种群发展的环境条件

首先要有食物，一般而言，害虫都喜食寄主植物，这方面内容在农业害虫中报道较多，例如，如果没有水稻，就不会有三化螟螟害的发生。害虫对作物的生育期有严格的选择，如小麦吸浆虫在还未扬花的麦穗（危险生育期）上产卵为害，在已经扬花的麦穗上不产卵为害；亚洲小车蝗喜食针茅等含氮量高的禾本科植物，针茅分布区容易发生灾害。因此，害虫的发生与作物的危险生育期吻合的程度是害虫发生轻重的重要原因之一。适宜的气候条件和其他生态条件等对害虫的发生同样重要。亚热带及温带发生的害虫，在寒冷地区有的就不可能发生，如我国北纬38℃以北的地区就不会有三化螟的发生。

由于植物与害虫长期协同进化，使得害虫一直都存在，并且每年都会发生，但成灾只有在特定条件下才会形成。当作物及其他环境条件适宜，害虫种群的发展失去控制时，灾害的发生就不可避免。习惯上我们常用"害虫防治"这个概念，实际上我们的防治目标不是害虫，而是其形成的灾害，并通过对害虫种群的合理治理来防止灾害的发生。

害虫的防治途径归纳如下。

（1）阻断跟随链，防止入侵　害虫和作物的关系是长期协同进化过程中形成的食物链关系，由此产生了跟随现象。阻断这一跟随链，防止害虫入侵是灾害防治的重要途径。植物检疫、套袋技术、纱网隔离、趋避剂的使用等是防止害虫入侵和为害的重要措施。

（2）生态控制　以生态学理论为基础，对害虫虫源和已侵入并定殖为害的害虫种群、作物和环境实施生态控制。采用农业技术、生物技术、物理技术、信息技术和化学技术直接杀死害虫或改造并控制害虫赖以生存和发展的生态环境；最大限度地创造有利于作物生长的环境，最大限度地保护环境，最大限度地恶化害虫生存和种群发展的环境，将害虫的种群数量控制在允许水平下。害虫综合治理（IPM）或现代的可持续害虫管理（SPM）实质上都是依据害虫发生的根本原因，通过上述害虫防治的基本途径来防治害虫灾害的具体体现。

二、经济阈值与生态阈值

进入21世纪以来，我国草原害虫连年发生，严重威胁着畜牧业发展和北方生态安全。经济阈值和生态阈值作为害虫防治的决策依据，是草原植保领域的重要研究课题之一。

1. 经济阈值研究进展

害虫防治的经济阈值是现代害虫管理系统中进行优化决策的基本依据，也是使害虫治理的经济效益和生态效益与生产措施相联系的唯一纽带。Stern等（1959）最早提出了经济阈值一词，并将其定义为"害虫的某一密度，在此密度时应采取控制措施，以防种群达到经济为害水平"。此后，经济阈值的概念引起了人们的广泛重视与深入探讨。Edwards（1984）将经济阈值定义为"可以引起与控制措施等价损失的害虫种群大小"。Headley（1972）提出的定义是"使产品价值增量等于控制代价增量的种群密度"。Norgaard（1976）提出损害阈值，定义为"引起经济损失的最低种群密度"。在我国，盛承发先生曾在该领域进行过全面的综述与讨论，他给经济阈值的定义表达为"害虫的某一密度，达此密度时应立即采取控制措施，否则，害虫将引起等于这一措施期望代价的期望损失"。缪勇和许维谨（1990）在对经济阈值定义的讨论中，认为经济阈值应是"针对某一密度（含预测）的害虫种群，边际成本函数等于边际产值函数时的种群密度。超过此密度时，应适时采取控制措施，将种群密度压制至该密度水平，可以获得最大净收益"。实际上，经济阈值不同于产量损失阈值和经济损害水平，因为经济阈值作为害虫防治的决策依据，要综合考虑到防治成本、产品价格、生态效益、环境保护等诸多问题，是一个经济生态学参数，是进行防治决策的依据，是生产者关注的焦点。

国内外对害虫防治经济阈值的研究较为广泛。Naranjo等（1996）对棉花上烟粉虱［*Bemisia tabaci*（Gennadius）］的防治经济阈值开展了研究；Szatmari（1998）研究了鳞翅目昆虫对树莓损害的经济阈值；有科学家对印度西部一种有斑点的螟蛉（*Earias* spp.）的经济阈值进行了研究；Diaz（1999）研究了烟草（*Nicotiana tabacum*）上黏虫（*Mythimna separata*）的经济阈值；Bharpoda（1999）在印度研究了棉铃虫（*Helicoverpa arnigera*）防治的经济阈值；Ukey等（1999）对辣椒（*Capsicum frutescens*）螨类的经济阈值进行了研究；Afzal等（2002）对大米蛀虫（*Scirpophaga* spp.）的经济阈值进行了研究。国内自20世纪80年代以后，关于经济阈值研究的报道也较多。盛承发（1985）、高宗仁等（1994）对棉铃虫的经济阈值进行了探讨；曹莹等（2002）对为害水稻（*Oryza sativa*）的中华稻蝗（*Oxya chinensis*）、稻螟蛉（*Naranga aenescens*）和黏虫的经济阈值进行研究，并提出水稻孕穗期是进行化学防治的最佳时期；赵利敏和张海莲（2008）报道了灰翅麦茎蜂（*Cephus fumipennis*）的经济为害水平和经济阈值，为麦田生产提供了防治的参考依据；此外，牟少敏等（2002）对苹果黄蚜（*Aphis citricala*），蒋杰贤等（2002）对菜青虫（*Pieris rapae*），姜鼎煌等（2006）对瓜实蝇（*Bactrocera cucurbitae*），卢巧英等（2008）对韭菜迟眼蕈蚊（*Bradysia odoriphage*）等害虫的经济阈值进行了研究。这些研究基于挽回损失等于防治成本的原则，为害虫适时防治提供了科学的参考指标，为农业管理者进行害虫有效控制提供了决策依据。

2. 生态阈值研究进展

相对于经济阈值，生态阈值的定义和研究是近些年才受到重视的。May（1977）最早提出了生态阈值的概念，指出生态系统的特性、功能等具有多个稳定态，稳定态之间存在的阈值和断点（thresholds and breakpoints）就是生态阈值。此后，生态阈值的概念受到生态学和经济学界的普遍关注，并展开了学术探讨。Friedel（1991）认为生态阈值是生态系统两种不同的状态在时间和空间上的界限（boundaries）；Muradian（2001）定义生态阈值为独立生态变量的关键值，在此关键值前后生态系统发生一种状态向另一种状态的转变。Wiens等（2002）认为生态阈值是生态系统的转变带（region or zone），而非一系列的离散点。Bennett和Radford等（2003）提出生态阈值是生态系统从一种状态快速转变为另一种状态的某个点或一段区间，推动这种转变的动力来自某个或多个关键生态因子微弱的附加改变，如从破碎程度很高的景观中消除一小块残留的原生植被，将导致生物多样性的急剧下降。总的来说，相关研究普遍认为生态阈值有两种类型，即生态阈值点（ecological threshold point）和生态阈值带（ecological threshold zone），在生态阈值点前后，生态系统的特性、功能或过程发生迅速的改变，生态阈值带暗含了生态系统从一种稳定状态到另一稳定状态逐渐转换的过程，而不像生态阈值点那样发生突然的转变，生态阈值带在自然界中可能更为普遍。目前，基于生态阈值理论的相关研究较少。Noy-Meir（1975）研究后指出，在放牧草地生态系统中，家畜利用面积的5%是其供应牲畜取食的阈值，这为人类活动干预下草原退化与恢复演替的研究，特别为确定天然草原放牧强度的生态阈值提供了依据。韩崇选等（2005）以人工林生态系统中的啮齿动物群落和主要造林树种为研究对象，提出了人工林群落生态阈值概念，并指出林区啮齿动物管理中的群落生态阈值是单个林木过渡到森林群落的预测指标，考虑的是啮齿动物群落与林木的相互影响，其目的是保证成林。骆有庆等（1999）研究表明，森林生态系统中杨树天牛（*Anoplophora glabripennis*）的防治生态阈值为4.8个羽化孔，并指出对于以生态防护效益为主的防护林来说经济阈值具有局限性，而应以生态阈值作为害虫防治的参考依据。可见，生态阈值在有害生物防治中不同于经济阈值，这一指标是以生态系统平衡和资源可持续利用为出发点，对于在自然生态系统中探讨害虫的防治阈值具有广阔的研究与应用前景。

3. 我国草原害虫防治的经济阈值与生态阈值研究进展

前已述及，草原生态系统是畜牧业发展的基础，同时在我国也发挥着重要的生态作用。蝗虫作为一种为害性较大的食草害虫，从古至今对农业和畜牧业的为害有很多记载。据统计，从公元前707年至1907年间我国共发生蝗灾739次，唐、宋、元、明、清各朝的地方志均有蝗灾的详细记载。21世纪以来，我国西部主要草原区蝗灾时有发生，2004年内蒙古草原蝗虫发生面积达529万hm²，2006年新疆草原蝗虫为害面积为203万hm²，甘肃省草原蝗虫高峰期为害面积达197万hm²。草原蝗虫防治也因此成为草地植保领域的研究热点问题之一。开展蝗虫防治阈值（包括经济阈值和生态阈值）的研究与制定，对于控制蝗虫暴发，减少经济损失和维持生态系统平衡具有重要的意义。

4. 草原害虫防治经济阈值研究

从20世纪80年代开始，国内少数学者开始从事草原蝗虫防治经济阈值的研究工作，主要是结合某一草原类型的优势种蝗虫开展区域性研究，为所研究地区的蝗虫控制提供防治阈值。李新华等（1998）选择新疆天山北坡蒿子（*Artemisia* spp.）+苔草（*Carex liparocarpos*）+羊茅（*Festuca valesiaca*）草地植被类型，探讨了意大利蝗（*Calliptamus italicus*）防治的经济阈值，得出采用马拉硫磷和敌敌畏控制该区意大利蝗，3龄前的最低防治密度为69头/m²。同样是意大利蝗，张泉等（2001）在新疆玛纳斯县南山荒漠、半荒漠草原地区研究后，得到3龄前防治的经济阈值为8头/m²。同一种蝗虫在两个不同试验区防治的经济阈值相差高达8.6倍，这主要是由于草地群落植被组成、初级生产力等具有较大的差异而造成的。因此，不同地区蝗虫种类和草原类型不同，需要根据不同地域的蝗虫为害和防治措施，制定不同的防治经济阈值。西伯利亚蝗（*Gomphocerus sibiricus*）是新疆山地草原的主要为害种，乔璋等（1996）采用田间罩笼试验首先计算了虫口密度与牧草损失量的关系式，然后通过测算确定3龄前化学防治西伯利亚蝗的经济阈值为26.8头/m²。乌麻尔别克等（2000）采用相同研究方法，对新疆荒漠、半荒漠草原地区主要为害种红胫戟纹蝗（*Dociostaurus kraussi*）的防治经济阈值进行了研究，提出化学防治的最低经济阈值为8头/m²。邱星辉等（2004）测定了内蒙古典型草原5种优势蝗虫的防治经济阈值，其中，亚洲小车蝗（*Oedaleus asiaticus*）防治的经济阈值最小，为16.9头/m²，小蛛蝗（*Aeropedellus variegatesminut*）最大，为37.4头/m²，分析指出经济阈值与蝗虫的个体大小成负相关，即个体大者因造成的牧草损失大，其经济阈值小。以上研究主要是结合特定区域的优势蝗种，对单一种群的防治阈值进行探讨。但是草原蝗虫的发生往往比较复杂，常常是多个种群的混合暴发。廉振民和苏晓红（1995）对甘肃省祁连山东段草地蝗虫复合防治指标（经济阈值）进行了研究，指出牧草的损失量取决于受损害量，而蝗虫只是起执行损害过程的作用，因此无论几种蝗虫为害，只在牧草的受损量达到28头/m²时才进行防治，这是关于混合种群蝗虫防治经济阈值的一个新观点。总的来说，我国在草原蝗虫防治的经济阈值领域已经开展了一定的研究工作，但是与农业害虫的研究相比仍十分薄弱，且研究缺乏系统性和持续性，难以有效指导草原上复杂的蝗虫灾变形势，因此蝗虫经济阈值研究仍将是今后的重要课题。

5. 草原害虫防治的生态阈值研究

目前，关于草原蝗虫防治生态阈值方面的研究少见报道，本领域尚处于研究的起步阶段。草原蝗虫暴发的直接后果是造成草地初级生产力和次级生产力的降低，更重要的是从生态层面上引起的草地退化，在蝗虫防治时单纯考虑经济阈值，不制定以生态效益为主导的生态阈值显然不利于草地的可持续发展。周寿荣（1996）结合草地生态系统，提出草原生态系统在不断降低和破坏其自动调节能力的前提下所能忍受的最大限度的外界压力（临界值），称为生态阈值。当蝗虫的为害超过草原生态系统的耐受范围时，就有可能引起草原退化的发生和加剧。因此，草原蝗虫防治生态阈值的探讨具有重要的生态意义。卢辉（2005）根据经济阈值的基本概念，挽回损失=防治成本的原则，将补偿作用和盖度的指数引入模型，初步建立了亚洲小车蝗为害草原的生态阈值模型，这个模型把草原植被盖度作为草原生态系统变化的参数，提出随着盖度增加，也是草原类型从荒漠草原—半荒漠草原—典型草原的过渡，亚洲小车蝗防治生态阈值也在增加，例如，盖度值为0.2时，防治指标为3.4头/m²；盖度值为0.4时，防治指标为6.0头/m²；0.7时，防治指标为15.3头/m²。余鸣（2006）在研究蝗虫防治生态阈值时，将干旱因子引入了模型中，理论上提高了经济阈值的可用性，但是在他的阈值模型中对于蝗虫与草地平衡之间的关系尚不明确，衡量指标模糊，需要进一步的田间试验验证。这两篇关于草地蝗虫防治生态阈值的学术论文，为本领域的研究提供了有价值的观点与方向。笔者在文献查阅时未找到更多关于蝗虫防治生态阈值的资料，因此在草地植保领域，这是一个值得深入探讨的新课题。

6. 经济阈值与生态阈值在草原害虫防治应用中的思考

自20世纪60年代以来，草原蝗虫发生数量急剧上升，蝗虫灾害频繁暴发，严重影响了天然草地植被的正常生长发育，削弱了草原生态功能作用，加剧了牧区人民经济负担，阻碍了草原畜牧业和草原生态系统的可持续健康发展。同时，由于我国草原面积大，草原蝗虫种类多，在蝗虫防治阈值的研究方面存在较多问题：①参考防治指标陈旧，存在"一刀切"的问题，难以适应当前日趋复杂化的草原保护形势；②不同草原区优势蝗种的生态学研究匮乏，限制了经济阈值与生态阈值的研究；③偏重于经济损失方面的经济阈值研究，对反映生态平衡的生态阈值缺乏深入研究与探讨；④国家对草原蝗虫防治及科研工作的重视程度与投入经费不足，限制了本领域的发展。

蝗虫防治的经济阈值与生态阈值之间不具有必然的一致性，二者作为蝗虫防治决策的参考依据存在两种情况：一种情况是在蝗虫为害达到经济阈值指示的防治指标时，并未危及草原生态平衡，即生态系统尚有一定的耐受能力，这时经济阈值小于生态阈值，在防治时则应以最大限度的挽回经济损失为目的，以经济阈值作为防治指标；另外一种情况是蝗虫的种群暴发造成的经济损失尚在可承受范围之内，但草原物种多样性等生态指标遭到破坏，致使草原生态失衡，在这种情况下应以生态阈值作为防治的指标。

当前，我国草原退化形势仍十分严峻，造成了草原退化—蝗虫发生—草原进一步退化的恶性循环。因此，开展蝗虫防治阈值方面的研究显得十分迫切与重要。今后，在本领域应组建包括昆虫学、生态学、经济学等方面的跨学科团队，对我国草原蝗虫防治的经济阈值与生态阈值进行全面、深入、系统的研究。对草原蝗虫生态阈值的深入研究，能够为实现经济效益与生态效益的双赢提供有力指导。同时，对不同草地类型区和各区优势蝗种开展有重点的研究与探讨，能够为各区的蝗虫防治提出科学的防治阈值。此外，应进一步争取国家对草原蝗虫防治研究的投入，以保障取得有价值的研究成果。

三、我国草原蝗虫生态经济阈值模型的构建

20世纪90年代以来，我国连年发生不同程度的蝗虫灾害，造成了严重的经济损失和生态破坏。然而草原蝗虫防治仍沿用20世纪80年代制定的仅考虑经济效益而忽略生态效益的防治指标，已不符合当前草原蝗虫防治的需要。在制定防治阈值时不仅要考虑到经济损害允许水平，还应考虑到昆虫多样性、草地耐受程度、环境因子和草地特征值等多种因素。因此，在天然草原生态系统，建立一个兼顾经济效益和生态效益的生态经济阈值模型尤为重要，不仅可以指导蝗虫防治生产实践活动，也能为本领域的研究提供理论依据。

草原生态系统能够承受一定的生物种群冲击和压力，具有自我调节能力。但当种群压力超过生态系统最大调节能力时，将破坏生态系统稳定性。因此，探讨天然草地生态系统对蝗虫的生态承载力，也对草原蝗虫治理有重要意义。

针对经济与生态并重的草原蝗灾防控决策需求，我们首次提出了草原耐受性指数 α、种库系数 β、敏感性指数 Si 等生态评价参数，建立了生态经济阈值模型：

$$EET=Si/FLt \times [(\alpha+\beta) E \times C \times P+CC/EC \times Pr]$$

式中，EET：生态经济阈值；FLt：每虫损失估计；Pr：牧草价格；α：耐受系数；β：资源系数；Si：敏感系数；P：覆盖度对草原生产力的影响系数；EC：防治效果；E：降水因子；CC：防治费用；C：草原历史平均草地覆盖度；模型多区域检验，精度达90%。

草原蝗虫防治阈值要考虑到牧草对害虫的反应类型和牧草经济损失两个水平，一方面应在生态学基础上兼顾经济学的合理性，另一方面在精确计算经济学时兼顾生态学因素，使害虫治理朝着动态、多元的方向发展。经济阈值仅在经济学上考虑蝗虫治理，而生态承载力仅考虑到了草地的生态因素，两者均不符合蝗虫治理的需要。应采用生态经济阈值，同时考虑生态和经济因素，才能在维持农牧业经济发展的同时，兼顾草原生态系统的可持续发展。当生态经济阈值小于经济阈值时，即使挽回的经济损失不足以弥补

对蝗虫进行防治的成本，为了维持草原生态系统平衡也应进行防治。这符合实际情况，2003年亚洲小车蝗在内蒙古锡林郭勒盟暴发灾害，由于干旱少雨，草场盖度较低，有一些低密度（3～5头/m²）的蝗群也造成了极为严重的灾害，即使防治费用高于挽回的经济损失，为了保护生态系统稳定性也必须进行防治。当生态承受力和生态经济阈值大于经济阈值时，也应考虑到经济因素，将生态经济阈值作为草原蝗虫防治指标。

卢辉（2005）、余鸣（2006）等分别将补偿作用、覆盖度和干旱因子引入了蝗虫防治经济阈值模型，初步考虑到了蝗虫治理的生态因素。然而模型没有考虑到牧草的耐害作用、昆虫种群的牧草资源分配、蝗虫种群变化动态等问题，也没有通过试验明确降水、盖度对生态经济阈值的影响。首次建立的生态经济阈值模型不仅考虑到了经济损失，还应考虑到昆虫多样性、草原耐受程度、牧草补偿易害作用等多种因素。随着环境因子和草原特征值的不同，草原对蝗虫的耐受阈值、生存阈值和敏感指数等都会发生变化，蝗虫防治生态经济阈值也会相应变化。

第二节　草原害虫防治策略

在长期的害虫防治实践中，人们探索、研究各种各样的防治策略，目前普遍采用的害虫防治策略有植物检疫、生物防治、化学防治、物理防治、生态调控和新技术等，这些方法各具优点，但也存在着一定的局限性。只有根据草原害虫发生的具体情况来进行防治，才能取得最佳的效益。

一、植物检疫

植物检疫是国家以法律手段与行政措施控制植物及其产品等的调运或移动，以防止植物有害生物的传入与传播。它是整个植物保护事业中的一项根本性的预防措施。随着国际经济全球化进程和我国改革开放的深入发展，植物检疫在管理体制、工作模式等方面进行了一系列的改革，植物检疫法规日趋完善，高新技术的应用使植物检疫技术水平不断提高。植物检疫在保护国家利益、保护经济安全、生态环境和人民生命健康等方面发挥了显著作用。我国广泛与国外开展植物检疫合作，在国际上产生了积极的影响。

1. 植物检疫的重要性

（1）有效防止外来有害生物入侵　检疫一方面可以防止外来危险性生物传入我国，进而减轻对我国农牧业生产造成的威胁。我国农牧业生产存在规模小、生产技术相对落后、产量相对低下等问题，为解决以上问题就需要引进优良的品种，但在引种过程中难免发生由于对引进生物的生长状况不了解，而造成有害物种的入侵，从而对我国的农牧业生产造成极大的为害。例如，20世纪60年代，我国将水葫芦作为度荒的饲料引入，后泛滥成灾，致使我国的许多水域鱼类由于缺氧窒息而死亡，渔业生产受到威胁。另外，植物检疫可以保障我国的对外贸易信用，避免我国的有害生物传播到国外，对国外的农业生产造成困扰。

（2）有助于增加农民收入　植物检疫可以保障农牧业生产安全，当作物未受外来物种的竞争时，本国的农牧业作物就会按照正常生长轨道生长。除此之外，农牧业生产过程中，检疫性有害生物的发生不仅会造成牧草产量的减少，还可能增加农牧民的生产支出，使生产的实际收入减少。通过植物检疫能够在一定程度上降低农牧民的这些不必要的损失，从而增加农牧民的收入。

2. 植物检疫的基本特征

植物检疫的法规性和预防性两个基本特征，决定了植物检疫具有抵御外来生物入侵的功能。

法规性：通过植物检疫法规的制定和实施，限制人为随意传带有害生物的活动，发挥法制的权威性。以法律形式防止检疫性有害生物的人为传播，须有坚实的生物学、生态学等研究作为立法的重要依据。

预防性：通过植物检疫工作预见到某些危险性有害生物的动向，从而采取相应的控制对策，防患于未然。其超前和预警功能，须以疫情动态的宏观监测结合高效灵敏的检测手段和控制措施来实现。

3. 植物检疫的对象

检疫对象即国家以法律、法规规定的严禁传入、传出的危险性有害生物。凡属国内未曾发生或仅局部发生，一旦传入对本国的主要寄主植物为害较大且目前又难于防治的，以及在自然条件下一般不可能传入而只能随同植物及植物产品，特别是随同种子、苗木等植物繁殖材料的调运而传播蔓延的病、虫、杂草等，应确定为检疫对象。在国际上为了防止某些贸易国之间处于政治、经济的需要，利用植物检疫作为贸易技术壁垒。检疫对象的确定都必须通过有害生物的风险分析，简称PRA（pest risk analysis）。国际植物检疫措施标准规定，有害生物风险性分析即是有害生物危险性评估和有害生物的危险性治理。

检疫对象确定的方法，一般是先通过对本国农、牧业有重大经济意义的有害生物的为害性进行多方面的科学评价，然后由政府确定正式公布。列出总的名单后，在分项的法规中针对某种（或某类）植物加以指定；另外一些是在国际双边协定、贸易合同中具体规定。检疫对象主要包括植物病原性病害、植物害虫以及植物杂草等。

此外，还有许多植物检疫病、虫、杂草等，如番茄环斑病毒、小麦印度腥黑穗病菌、菜豆象、毒麦、列当属等。这些对象将造成农牧业作物病虫害的暴发，如不采取检疫措施，造成的损害将无法估计。

4. 植物检疫的实施

（1）制定法规 植物检疫法规是开展植物检疫工作的法律依据。法规中应明确规定检疫对象和应施行检疫的植物、产品等对象。我国1982年和1983年由国务院颁布了《进出口动植物检疫条例》《植物检疫条例》；1992年正式施行《中华人民共和国进出境动植物检疫法》《植物检疫条例》，分别适用于进出境检疫和国内检疫。有关部门还分别制定了相关实施细则，确定了检疫对象名单和应施行检疫的植物及其产品名单。在国际上则通过有关协议和公约来协调各国的植物检疫工作。

（2）划分疫区和保护区 划分疫区和保护区是植物检疫工作的一项重要任务。植物检疫对象名单确定后，即可根据不同检疫对象的分布情况划分疫区和保护区。疫区就是某种检疫对象发生为害的地区，也叫做某种植物检疫对象的疫区。通常对某个检疫对象疫区的寄主植物及其产品的贸易和调运，都有相当的限制，或采取更为严格的检疫措施。保护区就是某种检疫对象还未发生的地区。疫区和保护区应根据检疫对象的传播情况、交通状况以及采取的封锁措施的需要来划分，应根据情况及时加以调整。疫区和保护区划定后，即可根据检疫对象名单进行检疫检验。

（3）检疫检验 一般可分出入境检疫（包括货检、旅检和邮检），原产地田间检验，调运检疫，隔离种植检疫。

（4）检疫处理 经检疫发现某批被检物品，如植物及其产品等带有检疫对象时，应对其采取严格、坚决、妥当、安全、及时的处理措施。

二、生物防治

1. 害虫生物防治的意义

生物防治是利用害虫的天敌生物、生物的天然产物或其他生物技术来控制害虫种群数量，使之不致成灾的防治方法。

现阶段，人们越来越重视保护环境、生态和谐和可持续发展，提出了"公共植保、绿色植保"的理念。由于生物防治主要是运用自然界生物相生相克的原理，人为增大了自然界中与病虫草害相克生物的作用，来控制有害生物的为害，故具有较小的环境风险，是一种与环境友好的植保技术。以虫治虫、以拮抗微生物治虫、以杀虫微生物治虫和用转入杀虫或抗病基因的植物杀虫或防病等生防技术，替代高毒高残留的化学农药，进而降低农药残留，以此提高我国有机牧草和绿色饲草的生产能力，提高食品的安全性，同时增加我国农畜产品的国际竞争力。进入21世纪以来，全球保护环境呼声日渐增高，公众对食品安全的关注愈加密切，使得生物防治在国际上获得了又一次发展的机遇。积极研究与利用生物杀虫剂，寻求有效的生物防治手段，对于保障生态平衡、农畜产品安全及可持续发展具有深远的现实意义。

2. 害虫生物防治的特点

生物防治对人、非靶标生物和环境安全，害虫不易产生抗性；有长期、持续控制害虫的效果；多数情况下属预防性措施；可与多种防治措施协调应用。生物防治的局限性表现为以下几点：天敌控制作用滞后，大多不具备应急防治的能力；其效果会受到自然因素如温度、降水等的影响；生物农药作用较慢，效果不稳定。

3. 害虫生物防治的研究与应用

随着科学技术的不断发展和日趋完善，草原害虫生物防治不断改进和创新。生物防治措施主要包括生物农药、人工释放天敌昆虫、昆虫信息素、昆虫生长调节剂等。截至2018年，生物防治措施已占草原生物灾害防治面积的50%～60%，成为我国草原生物灾害防治的重要措施之一，其中88%为生物农药，12%为人工释放天敌和昆虫信息素诱杀等。

（1）生物农药　生物农药指非人工合成，具有杀虫、杀菌/抗病、除草能力，并可制成具有农药功效和商品价值的生物制剂，包括农用抗生素、微生物源农药（细菌、真菌、病毒等）、植物源农药、生物化学农药等。

目前世界上生物农药使用量最多的国家有墨西哥、美国和加拿大等国，占世界总量的44%。欧洲的生物农药使用量占全世界的20%，亚洲占13%，大洋洲占11%，拉丁美洲和加勒比地区占9%，非洲占3%。

我国生物农药的研究始于20世纪50年代初，至今已有60年的历史。在国家主管部门的扶持下，经过近30年的发展，已逐步形成了具有良好试验条件的科研院所、高校、国家及部级重点实验室，以及其他具备一定工作条件的研究单位。我国在生物农药的资源筛选评价、遗传工程、发酵工程、产后加工和工程化示范验证方面已经形成体系，拥有大约400家生物农药生产企业。我国生物农药的研究开发步伐逐年加快，2001年我国已注册登记的生物农药品种达80个，占我国登记农药总数的13.7%；产品694个，占已注册产品的7.2%，年产量近10万t制剂。至2004年，我国已注册登记的生物农药有效成分品种140个，占我国农药总有效成分品种的15%；产品411个，占已注册产品的8%；年产量12万～13万t制剂，约占农药总产量的12%；年产值约3亿美元，占农药总产值的10%左右；使用面积约2 600万hm^2次。每年新研制成功和登记注册的生物农药品种以4%的速度递增。2014—2016年，我国生物农药行业规模逐渐扩大，规模以上企业近300家，数量稳步增长，对应的主营业务收入和利润总额持续增加。2017年我国实施新的农药行业管理法规政策、市场供需结构转变、行业资源整合优化、环保安监升级，国内市场表现出较大的变化，导致我国生物农药行业在2017年和2018年呈现下降趋势。2019年逐渐恢复，尤其是规模以上企业利润总额已经恢复至2017年水平，与此同时，生物农药行业的销售利润率达到近年最高点。我国规划到2025年生物农药占所有农药的份额将由现在的20%增加到50%。目前，加强生物农药新产品研发，加快生物农药产业发展速度，增加生物农药市场份额，满足我国无公害农产品、绿色食品和有机食品生产中病害虫防治的需要，缓解农药残留带来的环境污染问题已成为我国科技界、产业界关注的问题。

生物农药的出现和应用历史悠久，从20世纪70年代起其发展非常迅速。该类农药在长期的研究和应用中所表现出的特点可初步归纳为：专一性强，活性高；选择性强，对人畜和环境安全；对生态环境影响小，对非靶标生物相对安全；开发利用途径多；作用机理不同于常规农药；种类繁多，研发的选择余地大。

（2）天敌昆虫　昆虫生物防治是发达国家害虫控制的首选策略，最经典的例子是美国引进澳洲瓢虫防治害虫。在天敌昆虫规模化生产方面，国际上天敌昆虫企业有100多家，商品化生产天敌昆虫的企业有85家，其中欧洲25家，北美20家，澳大利亚和新西兰6家，拉丁美洲15家，亚洲的日本、韩国和印度等地有15家。Koppert公司是最著名的一家，生产销售的份额占据市场榜首。在天敌昆虫资源应用方面，主要是对特定的靶标害虫，进行其天敌相关基础生物学、遗传多样性的研究，特别重要的是对其控害与生态功能的评价。现在应用较广泛的是伴存植物系统，可以增殖和储蓄天敌，便于天敌的主动转移控害和回收利用。

我国的天敌资源非常丰富，已经报道的天敌昆虫有1 000多种，而其高效组合利用是需要研究开发的重点技术。在天敌昆虫资源的利用方面，我们的应用基础相对薄弱，如对一些天敌昆虫的生物学特性了解不够，无法确定其有效的应用策略。我国对天敌昆虫的控害与生态功能等研究的不足，影响了其进一步的挖掘和利用。而忽视针对特定目标生境的靶标害虫的优势种群选择利用是限制我国天敌昆虫保护利用及其效应的重要瓶颈之一。目前我国生物防治的应用比例占全部害虫防治的10%左右，约为6亿亩次/年，天敌昆虫只占2%～3%，需求和发展潜力巨大。

害虫生物防治的最新研发途径是对天敌昆虫进行改造、改善、繁殖、选择。一是利用基因工程方法，将杀虫剂的抗性基因转到天敌中，使其产生抗药性，提高田间竞争力，如已培育成功的抗有机磷农药基因的益螨（*Metaseiulus occidentalis*），或将害虫显性不育基因导入雄虫体内或采用物理辐射培养出不育雄虫，释放到田间，干扰正常交配，达到防治害虫的目的；二是改善生态环境；三是人工制造场所，确保天敌正常栖息、越冬、繁殖；四是正确选择使用药剂。

（3）昆虫生长调节剂　昆虫生长调节剂（insect growth regulator，简称IGR）被称为第三代杀虫剂，它影响昆虫正常生长和发育，破坏昆虫生长发育的生理过程而使昆虫死亡。按其作用方式主要分为苯甲基苯酰脲类几丁质合成抑制剂、保幼激素及其类似物、蜕皮激素及其类似物三大类。昆虫生长调节剂在害虫防治的应用中具有克服害虫抗药性和减少环境污染等优势，昆虫生长调节剂具有选择毒性，只对昆虫有效，对人、畜安全，因而在害虫持续控制中很有前景。

（4）昆虫性信息素 由于昆虫信息素是典型的昆虫行为调节因素，具有专一性强、无公害、保护天敌等优点，故其开发和应用已显示出巨大的潜力。昆虫性信息激素或称性外激素，是由同种昆虫的某一性别个体的特殊分泌器官分泌于体外，能被同种异性个体的感受器所接受，并引起异性个体产生一定的行为反应或生理效应（如觅偶、定向求偶、交配等）的微量化学物质。引诱剂在害虫防治上的应用是相当成功的。引诱剂中应用的昆虫信息素可以分为两大类，一类是性信息素，另一类是聚焦信息素。根据性信息素设计的性引诱剂诱杀和干扰害虫交配，已成为害虫管理中的一个重要手段。

（5）虫生真菌 虫生真菌在害虫生物防治中的应用相当广泛，目前已经应用于生物防治的虫生真菌大多属藻状菌纲和半知菌纲，其中较为重要的种类有白僵菌、绿僵菌、镰刀菌、轮枝菌、拟青霉菌、座壳孢菌、虫生藻菌、雕蚀菌和穗霉等。

1）白僵菌的应用：上述真菌中，研究较为深入，目前应用最广的是白僵菌（Beauveria bassiana），迄今为止，已知这种菌的寄主昆虫达200种以上，现在应用于生产上防治的害虫种类有30种左右。在近20年来，国内外集中较多的力量，着重研究了白僵菌与化学杀虫剂的混用技术。利用白僵菌防治的害虫种类有马铃薯甲虫、松毛虫、椿象、玉米螟、苹果食心虫、二点叶螨和甜菜象甲等。美国早在19世纪末便应用白僵菌防治害虫，但因当时对真菌治虫的前景存在着争论，有关的应用研究一度停顿。20世纪80年代，他们与苏联合作，利用白僵菌工业粉剂防治油菜上的几种夜蛾类害虫，取得了很好的效果。我国早在20世纪50年代即开始利用白僵菌防治农林害虫。现在，生产上已大面积推广防治的害虫有松毛虫、玉米螟和水稻叶蝉。白僵菌对松毛虫的防治效果可达90%以上。由于森林中温湿度条件适宜，小面积撒菌即可造成松毛虫发生流行病，迅速扩大到整个林区。近年来，采用飞机超低容量喷雾等新方法，大大提高了防治工作的效率。我国北方地区普遍采用白僵菌防治玉米螟，效果十分显著。浙江、湖南等地应用白僵菌防治水稻叶蝉，防效达70%~80%，同时可以明显减轻矮缩病的发生。

2）绿僵菌的应用：通过对绿僵菌进行生理性质分析可知，绿僵菌的菌株产孢能力强且生长迅速，虽然不同菌株的产孢量存在显著差异，但基本都能保证生物防治的应用。这为绿僵菌应用于害虫的治理提供了基本生产条件。绿僵菌感染寄主后，会对寄主体内的酶类活性产生影响，尤其对解毒和代谢的酶类影响巨大，会引起新陈代谢的加快，这是昆虫被真菌感染后自身免疫系统的一种保护反应，通过实验研究发现，化学杀虫剂和真菌对昆虫的具体影响显著不同。对害虫使用化学杀虫剂后，杀虫的化学成分会被有关酶逐步降解，而害虫病原真菌侵入虫体后，会利用虫体的营养而繁殖，最终导致相关代谢酶的活性被抑制而逐渐降低，这样的处理不易出现反弹现象，这也是真菌杀虫非常大的优势之一。在绿僵菌对害虫的生物防治试验中可以看出，接种方法、害虫虫龄、接种量等多种因素均能影响绿僵菌的防治效率。但绿僵菌作为杀虫剂存在易受环境因子影响、防治效果较为缓慢、质量稳定性较差等弊端。这也在一定程度上限制了其真正在农田或草原等地的实际使用效果。

目前，也有一些研究发现，昆虫的病原真菌与部分植物性杀虫成分的搭配使用对蝗虫等害虫的灭杀效果极好，这完全可以极大程度减少化学农药的使用，并进一步减少对环境和生态等的破坏，为真菌杀虫剂扩展其应用提供了可能。

4. 生物防治在我国草原害虫防治中的发展历程

农业部于20世纪70年代末期开始组织开展大规模草原害虫防治，生物防治试验示范及推广起步于20世纪80年代中后期，大致可以分为两个阶段。

第一个阶段是20世纪80年代中后期至21世纪初。该阶段防治药剂以有机磷、氟化物为主，但是针对化学防治的局限性，逐步开展生物防控技术的研究和区域性试验示范。1986年，农业部成立全国微孢子虫（*Nosema locustae*）治蝗科研推广协作组，在新疆、内蒙古、青海、甘肃等省（区）开展了多年的防治草原蝗虫示范试验。"七五"期间，新疆在3个地州6个县人工招引粉红椋鸟（*Sturnus roseus*）推广面积达2万hm²，在13个地州30多个县推广牧鸡治蝗面积达66.7万hm²。1987—1991年，在四川、青海和西藏20万hm²草原上推广使用草原毛虫核型多角体病毒（*Nuclear polyhedrosis viruses*）防治草原毛虫。20世纪末，先后在新疆、内蒙古、青海、甘肃等地草原上开展绿僵菌（*Metarhizium anisopliae*）防治蝗虫的试验。

第二个阶段是2002年以来，2002年国务院印发了《国务院关于加强草原保护建设的若干意见》，强调"要采取生物、物理、化学等综合防治措施，减轻草原鼠虫为害。要突出运用生物防治技术，防止草原环境污染，维护生态平衡"。当年，全国畜牧兽医总站（现全国畜牧总站）在全国牧区组织开展了草原害虫生物防控综合配套技术推广应用项目，开展草原害虫"3S"监测预警技术与方法研究，有计划地推广生物农药，优化天敌控制技术，以监测预警和生物防治为核心的综合配套技术逐步成型。2010年农业部召开全国草原鼠害虫生物防治现场观摩会，提出利用3年的时间争取将我国草原害虫的生物防治比例提高到50%以上，极大地推动了生物防治工作全面提速。2011年，草原害虫生物防治比例达到50%，提前1年实现预定目标。

5. 我国草原害虫生物防治研究进展

早期的蝗虫防治主要依赖于化学防治，但大量化学农药的使用会给周围生态环境带来不可避免的污染和破坏，对人类的生命安全和生活保障具有潜在的危险，而且随着化学药剂的滥用，蝗虫的抗药性问题也明显加重。由此可见，化学防治蝗虫的前景令人担忧。为此，广大科研人员和草原工作者在长期的生产和科研实践中，经过探索和试验总结出了用生物防治技术控制草原蝗虫的方法，并日益受到人们的高度关注，尤其是近些年来开展了许多该方面的研究与开发利用工作。

（1）天敌保护利用　生态系统中害虫的自然天敌资源丰富，应该有计划地保护、开发和应用。据调查，草原蝗虫主要天敌涉及4界7门12纲38目106科299属796种。保护、培养和利用天敌控制草原蝗虫是一项成本低、效果好、能减少使用农药、保护环境的良好措施。保护和利用的主要方法是创造有利于天敌繁育和栖息的生态条件，尽量减少对天敌的损伤及不利影响。我国蝗虫天敌资源极为丰富，其种类和数量都较多，如天敌昆虫、鸟类、爬行动物以及两栖动物等，它们对抑制蝗虫群落数量、减少群集和群集种群的增长速度、维护草原营养链平衡具有不可忽视的作用。

1）天敌昆虫利用。草原蝗虫的昆虫纲捕食性天敌涉及7目13科30属68种，按种算占捕食性天敌的8.9%，蝗虫的天敌昆虫在减少静态蝗虫群集和群集种群的增长速度方面具有不可忽视的作用。重要的昆虫纲捕食性天敌有：薄翅螳螂（*Mantis religiosa*）、中华豆芫菁（*Epicauta chinensis*）、锯角豆芫菁（*Epicauta gorhami*）、红头豆芫菁（*Epicauta erythrocephala*）、巨头豆芫菁（*Epicauta megalocephala*）、西北豆芫菁（*Epicauta sibirica*）、苹斑芫菁（*Mylabris calida*）、蒙古斑芫菁（*Mylabris mongolica*）、丽斑芫菁（*Mylabris speciosa*）、虎形安蜂虻（*Anastoechus nitidulus*）、中国雏蜂虻（*Anastoechus chinensis*）、多型虎甲红翅亚种（*Cicindela hybrida nitida*）、多型虎甲铜翅亚种（*Cicindela hybrida transbaicalica*）、中国虎甲（*Cicindela chinenesis*）、中华星步甲（*Calosoma chinense*）、飞蝗泥蜂（*Sphex subfuscatus*）、蝗卵蚁（*Aphaenogaster subterraneus*）、食蝗蚁（*Myrmecocystus viaticus*）、蠼螋（*Labidura riparia*）、虎斑食虫虻（*Astochia virgatipes*）、角马蜂（*Polistes antennalis*）等。蜂虻科（Bombyliidae）、丽蝇科（Calliphoridae）、皮金龟科（Trogidae）、食虫虻科（Asilidae）、步甲科（Carabidae）、拟步甲科（Tenebrionidae）、麻蝇科（Sarcophagidae）和缘腹细蜂科（Scelionidae）等天敌昆虫在治蝗中具有较大的潜在能力。山东省无棣县植保站首次将中国雏蜂虻（*Anastoechus chinensts*）用于飞蝗的控制，它对飞蝗卵块寄生率达25%～75%，经过多年的研究，提出了一系列利用天敌的办法。据陈永林等研究认为，在沿海蝗区、洼地、盐分较高的地区，芫菁种类的天敌对飞蝗控制作用明显，个别年份寄食率达33%。寄生蜂（*Scelio pembertoni*）作为唯一的昆虫寄生剂已应用于中华稻蝗（*Oxya chinensis*）的生物防治；我国对飞蝗黑卵蜂（*Scelio uvarovi*）的研究报道表明：该种以东亚飞蝗卵为主要寄主，个别年份寄生率达50%；我国记载的蝗黑卵蜂（*S. ovi*）、尼黑卵蜂（*S. nikolski*）也寄生蝗虫等。自然天敌昆虫对蝗总科的控制作用已经引起许多国家的重视，我国蝗虫天敌昆虫资源丰富，因此对其研究利用前景广阔，应加大力度积极保护蝗虫的天敌昆虫。

2）鸟类利用。草原蝗虫的鸟纲天敌涉及16目53科168属418种，按种算占捕食性天敌的55.4%，在蝗虫的捕食性天敌中，鸟纲天敌占据极其重要地位。重要的鸟纲天敌有：白翅浮鸥（*Chlidonias leucoptera*）、燕鸻［héng］（*Glareola maldivarum*）、田鹨

［liù］（*Anthus novaeseelandiae*）、红脚隼［sǔn］（*Falco amurensis*）、游隼（*Falco peregrinus*）、普通鵟［kuáng］（*Buteo buteo*）、白尾鹞［yào］（*Circus cyaneus*）、穗䳭［bī］（*Oenanthe oenanthe*）、灰喜鹊（*Cyanopica cyana*）、喜鹊（*Pica pica*）、粉红椋鸟（*Sturnus roseus*）、灰椋鸟（*Sturnus cineraceus*）、白颈鸦（*Corvus torquatus*）、大嘴乌鸦（*Corvus macrorhynchos*）、小嘴乌鸦（*Corvus corone*）、白尾地鸦（*Podoces biddulphi*）、麻雀（*Passer montanus*）、黑胸麻雀（*Passer hispaniolensis*）、草鹭（*Ardea purpurea*）、池鹭（*Ardeola bacchus*）、麻鳽［jiān］、短耳鸮［xiāo］（*Asio flammeus*）、红尾伯劳（*Lanius cristatus*）、鸭（*Anas domestica*）、短鼻麻鸭（*Tadorna tadorna*）、赤麻鸭（*Tadorna ferruginea*）、朗德鹅（*Anser anser*）、鸡（*Gallus domestiaus*）、鹌鹑（*Coturnix coturnix*）、杜鹃（*Cuculus canorus*）、四声杜鹃（*Cuculus micropterus*）、云雀（*Alauda arvensis*）、角百灵（*Eremophila alpestris*）、蒙古百灵（*Melanocorypha mongolica*）、凤头百灵（*Galerida cristata*）、河乌（*Cinclus cinclus*）、大山雀（*Parus major*）、沼泽山雀（*Parus palustris*）、三道眉草鹀［wú］（*Emberiza cioides*）、大鸨（*Otis tarda*）、灰鹤（*Grus grus*）、蓑羽鹤（*Anthropoides virgo*）、斑鸫（*Turdus naumanni*）、虎斑地鸫（*Zoothera dauma*）、大斑啄木鸟（*Dendrocopos major*）等。人工筑巢招引粉红椋鸟：粉红椋鸟在我国新疆草原蝗虫的控制中起到极为关键的作用。粉红椋鸟，属鸟纲雀形目椋鸟科（Sturnidae），国内仅新疆伊犁、塔城谷地和阿勒泰山地、吐鲁番和喀什等地见其分布，且绝大部分为蝗虫发生区，其他省（区）几乎未见分布。我国关于粉红椋鸟的研究最早开始于1968年，李世纯等对新疆巴里坤地区的粉红椋鸟开展了连续2年的生物学特性及食蝗作用研究。20世纪80年代初，新疆开始对粉红椋鸟治蝗开始了系统研究。每年5月初，粉红椋鸟迁飞到新疆，立秋时又返回越冬。在新疆停留的这个阶段正是它们孕育繁殖下一代时期，需要给幼鸟补给充足营养，而此时正是草原蝗虫大量发生期。利用粉红椋鸟与草原蝗虫存在的食物链关系，充分发挥粉红椋鸟灭蝗的作用，在灭蝗实践中已得到广泛的应用，在伊犁、塔城、哈密等地利用人工筑巢，招引粉红椋鸟来控制草原蝗虫，取得了可喜的成果。在繁殖期和育雏期，一只粉红椋鸟每天可取食蝗虫120～180头，每年将近有400万只粉红椋鸟，可以有效控制13万hm²草原。随着粉红椋鸟栖息地以及生活场所的条件逐年改善，粉红椋鸟的数量进一步扩大，为防治草原蝗虫发挥更加重要的作用。

3）牧鸡、牧鸭治蝗。蝗虫作为一种重要的动物性营养源，富含优质高蛋白，此外还含有多种微量元素及丰富维生素。蝗虫体壁主要由鞣化蛋白质组成，容易被消化吸收，是鸡、鸭等家禽及其他一些动物的优质饲料。近年来，一些地方采用牧鸡、牧鸭灭蝗，在控制草原蝗虫的同时取得不错的经济效益、社会效益和生态效益。草原牧鸡、牧鸭灭蝗是一项环境友好型生物灭蝗新技术，它利用鸡、鸭与蝗虫之间具有食物链关系的原理，把鸡、鸭群投放到发生害虫的草原上放牧，通过鸡鸭取食蝗虫来有效控制蝗虫种群数量，使之保持在一定的种群密度之下，从而达到保护草原资源的目的。我国科研人员在内蒙古、青海、新疆等地先后成功开展了利用牧鸡防治草原蝗虫试验，并取得显著经济效益和生态效益。王忠华等（2001）在锡林郭勒草原进行的牧鸡治蝗试验表明，每只鸡每天可捕食蝗虫30只左右，一只牧鸡在有效放牧时间内可保护约1 300m²的草场。颜生林等（2004）探讨高寒牧区特殊气候条件下牧鸡治蝗的技术与效果，为该项技术在高寒地区推广提供相关技术依据。侯丰（1997）就牧鸡防治草原蝗虫技术与效果作了详细报道。我国草原工作者在灭蝗的实践中也摸索出了牧鸭防治草原蝗虫的技术，先后在新疆天山草原和博州赛里木湖地区草地上用牧鸭实施大面积灭蝗，取得了不错效果，并为高山草原灭蝗提供了参考依据。颜生林等（2005）在青海高寒牧区进行养鸭灭蝗试验，也取得良好效果。牧鸡、牧鸭治蝗在我国一些地方得以成功开展，取得了可喜的经济效益、生态效益和社会效益，尽管这项技术在实际实施过程中也存在一些缺陷，但只要在灭蝗的实践中不断总结、完善这项技术，并采取灵活的方法因地制宜合理运用，就一定可使这项技术在草原蝗虫防治中发挥重要作用，同时也会为我国鸡鸭养殖、缓解动物性蛋白缺乏等提供一种经济有效的可持续发展方法。

（2）微生物农药 在草原害虫防治中应用较多的微生物农药主要有以下几类。

1）病原真菌。在所有的病原微生物中，真菌在蝗虫种群调控中作用最大，真菌在经过引进后可广泛流行从而大量杀死害虫。常用的蝗虫病原真菌包括丝孢类的白僵菌（*Beauveria bassiana*）、黄绿绿僵菌（*Metahizium flavoviride*）、小团孢属（*Sorosporella* sp.）以及结合菌类的蝗噬虫霉（*Entomophaga grylli*）等，在这些致病真菌中，使用半知菌类孢子作为真菌杀虫剂具有快捷、有效的优点，其原理如下。①其本身是昆虫病源，并已分离得到菌株；②对于一些菌株而言，已具备关于寄主范围和对哺乳动物安全的数据；③可在简单培养基上离体培养；④通过穿透体壁发生侵染，是一种体壁接触杀虫剂，而且许多半知菌类真菌都有亲脂性分生孢子，可以以油为介质进行超低容量喷雾。在金龟子绿僵菌（*Metarhizium anisopliae*）、黄绿绿僵菌、白僵菌三者之间，与其余两者不同的是黄绿绿僵菌可在寄主体腔内产生分生孢子，这对于在干燥环境下该菌流行非常重要。与金龟子绿僵菌相比，黄绿绿僵菌早已鉴定出了蝗虫高毒菌株，并发展为生防介质。在一次蝗虫和蚱蜢生防介质的调查中指出黄绿绿僵菌分布广泛，并在西非成为最普遍的蝗虫致病真菌。大规模利用黄绿绿僵菌防治蝗虫的研究在国外进展的较为顺利，国内的研究始于1992年，在取得黄绿绿僵菌对草原蝗虫有显著的毒力效果之后，我国学者先后于内蒙古、新疆、青海等地展开了大面积的田间药效试验，结果表明金龟子绿僵菌油剂对各地蝗虫优势种群防效均在74%以上，其中对内蒙古草原蝗虫的虫口减退率达到89.2%，充分证实了绿僵菌对蝗虫显著的控制作用。此外，美国分离得到的蝗噬虫霉以及在棉蝗（*Chondracris rosea*）体内发现的簇孢霉对蝗虫也有一定的防效。

2）蝗虫致病细菌。苏云金杆菌（*Bacillus thuringiensis*，Bt）是目前国际上生产量最大、应用最广的微生物杀虫剂，但较少用于防治草原蝗虫，国内很少报道，国外也仅有一些室内实验的报道。朱文等（1995）用收集到的2株苏云金杆菌亚株感染青海、四川草地的优势种蝗虫，发现其中一株亚种Bt7对草原蝗虫具有较强的致死力，对3龄草原蝗虫累计致死率为70%，而且大面积防治试验结果与室内、室外毒力测定相一致，表明Bt7可用于草原蝗虫的防治。尽管苏云金杆菌用于防治草原蝗虫的工作起步时间较晚，但是随着相关研究的不断具体和深入，苏云金杆菌的应用范围将进一步扩大，将为草原蝗虫的生物防治开辟一条新的途径，在草原蝗虫的防治中具有重要的推广应用价值。此外，自黄脊竹蝗（*Ceracris kiangsu*）体内分离得到的一种类产碱假单胞菌（*Pseudomonas pseudoalcaligenes*）以及在棉蝗体内发现的蜡状芽孢杆菌（*Bacillus cereus* Frankland）也具有一定的防治效果。

3）蝗虫痘病毒。昆虫痘病毒（*Entomopoxvirus*，EPV）在分类上属于痘病毒科（Poxviridae）昆虫痘病毒亚科（Entomopoxvirinea），是一类有大型包涵体（*Occlusion bodies*）的病毒。昆虫痘病毒侵入寄主体内后，在脂肪体细胞中复制，使寄主感病而死亡。1966年Henry从血黑蝗（*Melanoplus sanguinipes*）中首次分离出蝗虫痘病毒，之后报道6个种。我国最早报道的蝗虫痘病毒是新疆西伯利亚蝗痘病毒（*Gomphoceru sibiricns*，EPV），之后又在鳞翅目和鞘翅目上先后分离到黏虫痘病毒（*Pseudaletia separata entomopoxvirus*，PsEPV）和苹毛丽金龟痘病毒。王丽英（1994）在我国新疆和内蒙古草原痘病毒流行时，陆续从病死蝗虫中分离了亚洲小车蝗等5种痘病毒，并就寄主范围、病理观测和致病力做了初步测定。中国农业大学昆虫病理室对亚洲小车蝗（*Oedaleus decorus asiaticus*）的形态、发生、生物学及生化特性展开深入研究，对意大利蝗痘病毒（*Calliptamus italicus entomopoxvirus*）一些特性做了相关分析。王思芳等（1996）用电子显微镜就亚洲小车蝗痘病毒（*Oedaleus asiaticus entomopoxvirus*）的形态、超微结构及在寄主体内的形态发生过程进行观察，并就经黄胫小车蝗（*Oedaleus infernalis* Sauss）增殖的亚洲小车蝗痘病毒的DNA和结构蛋白特性开展深入研究，进一步评价其杀虫效果，研制成病毒杀虫剂，在草原蝗灾的治理中已开始应用；之后又测定了亚洲小车蝗痘病毒对黄胫小车蝗的室内杀虫效果及用黄胫小车蝗增殖该病毒的最适接种剂量。后来又有研究人员进行亚洲小车蝗痘病毒防治草原蝗虫的试验，以及将意大利蝗痘病毒和绿僵菌混合使用来控制意大利蝗的研究。

4）蝗虫微孢子虫。随着对蝗虫天敌的研究发现，许多病原微生物可作为蝗虫生物防治的介质，具有一定的开发价值。国内研究得比较早比较成功的蝗虫致病微生物是蝗虫微孢子虫（*Nosema locustae* Canning），它是Canning从非洲飞蝗（*Locusta migratoria migratorioides*）体内分离并命名的，它是微孢子纲微孢子目微孢子科微孢子属的一个种，为单一性活体寄生虫，能感染100多种蝗虫及其他直翅目昆虫，在我国至少有28个优势种蝗虫对该病敏感。蝗虫微孢子虫防治蝗虫具有操作简便、效果持久、成本低廉（仅为化学农药的1/2～2/3）、环境友好等优点。已知蝗虫微孢子的传播途径有经卵的垂直传播和经口的水平传播，包括取食受污染食物及病、健虫互相残杀，传播概率与蝗虫虫口密度密切相关，但在高寒草甸这种关系尚需进一步验证。被微孢子虫寄生感病后，蝗虫取食量、活动能力、雌虫产卵量及孵化率均受到明显影响，15～20d后便死亡。蝗虫微孢子虫在国内外已成功用于草原蝗灾的可持续治理中，Henry（1973）用双带黑蝗（*Melanoplus bivittatus*）做替代寄主来增殖微孢子虫，用来防治草原蝗虫并取得了明显成效，发展成为第一个商品化的微孢子虫杀虫剂。我国自1986年从美国引进蝗虫微孢子虫后，经多年不断研究，目前已成功用于我国草原蝗害的治理中，累积示范试验面积达50万hm^2。我国发现的蝗虫微孢子虫——亚蝗微粒子虫（*Nosema asiaticus* Wen）能侵染17种蝗虫，在河北平山县、新疆木垒县进行的野外防治试验中均取得了很好的效果。中国农业大学自20世纪90年代初就开展了用微孢子虫防治蝗虫的研究，经过多年的发展完善，现已形成用蝗虫微孢子虫治蝗的可持续防治对策及配套技术体系，取得了明显的社会效益和生态效益。

（3）植物源农药　从狭义上说是来源于植物体的农药，从人工栽培或野生植物中提取活性成分，具有环境友好、对非靶生物安全、不易产生抗药性、作用方式特异等特点。害虫一旦触及植物源农药一般会麻痹神经中枢，继而使虫体蛋白质凝固，堵死虫体气孔，使害虫窒息死亡，是对人畜低毒的广谱杀虫剂，具有胃毒和触杀作用，防治效果好，符合农牧业可持续发展方向。例如，楝科楝属乔木，原产于印度次大陆，具有杀虫、杀菌和杀线虫等多种生物活性。从印楝中发现以印楝素（azadirachtin）为主的80余种杀虫活性物质，对10余目400多种农、林、储粮和卫生害虫有生物活性。

印楝素、烟碱、苦参碱等植物源杀虫剂对蝗虫具有优良的杀虫活性。印楝油可抑制蝗虫体内的脂肪代谢系统，显著降低蝗虫的飞行能力，使蝗虫不能完成远距离的飞行，在3个月内，蝗虫的飞行能力不能恢复，印楝油可将蝗虫限制在某一范围内。同时，在较低浓度下，印楝素就对多种蝗虫，如东亚飞蝗、中华稻蝗、沙漠蝗、血黑蝗、黄脊竹蝗（*Ceracris kiangsu*）、青脊竹蝗（*Ceracris nigricornis* Walker）等具有显著的拒食活性，并兼有忌避活性、生长发育抑制作用和产卵忌避活性，经过3～5d，蝗虫就因饥饿而亡。目前，我国0.3%印楝素乳油中含有较大量的印楝油，并含有以印楝素为主的多种杀虫活性物质，通过较大面积的施用0.3%印楝素乳油，可以有效地控制蝗虫的迁移及抑制蝗虫的取食，从而达到控制蝗虫及保护作物的目的。

用印楝素、烟碱+苦参碱治蝗可以与鸡鸭治蝗同时进行。印楝杀虫剂对鸡鸭相当安全，在肯尼亚，人们给鸡喂食印楝种子来防止鸡感染病毒病。鸡鸭吃了施用印楝杀虫剂的蝗虫，不会出现中毒现象。印楝杀虫剂选择性好，对非靶标生物的毒性很低甚至无毒，因此，印楝杀虫剂对生态环境的影响较小。印楝杀虫剂中活性成分复杂，具有多种杀虫作用机理，蝗虫不易产生抗药性。印楝杀虫剂对多种重要农牧业害虫具有较好的防治效果，可兼治许多其他害虫。

（4）我国草原害虫生物防治展望　生物防治作为害虫综合防治的一种重要手段已在实践中显示出其巨大的潜力。从长远来看，这种防治措施对创造一种稳定、安全的生态环境具有深远的意义。

害虫综合防治在于多种防治方法的协调应用，单靠任何一种防治方法都是不完整的，只有在生态系统的前提下采取综合措施，才能达到长期控制害虫的目的。总之，随着社会环境保护意识的日益增强和人们对农牧业生态系统整体概念的更进一步认识，随着草原害虫生物防治研究的不断深入，以及生物农药等生产工艺的进一步完善，草原害虫生物防治的研究与开发必将取得更大的成就。

三、化学防治

我国是一个在农牧业生产过程中生物灾害频发的国家，许多重要病虫害的控制仍然依赖于农药的使用，特别是一些暴发性的害虫。据估计，世界有害生物造成的潜在食物损失在45%左右，其中生产中由病虫草害造成的损失占30%，另外15%的损失是在产后到餐桌的过程中。在不发达国家，有害生物引起粮食或纤维的损失至少在总产量的1/3以上。所以应用农药防治病虫草害是农牧业生产的客观需求和必然之路，农药在农牧业生产中的地位不容忽视。我国这些年来农药产量都在100万t（折百）以上，其中约60%用于我国的病虫草鼠害控制。由于长期依赖于农药的使用，许多重要的病虫害都产生了抗药性，据估计目前世界上已有近600种昆虫产生了抗药性，抗药性病原菌的数量近年来也一直在增加。我国主要农作物上至少有40种以上的病虫害产生了抗药性。抗药性的产生不可避免地导致农药的使用量加大，除了进一步加剧抗药性发展外，还引发环境污染、生物多样性降低等一系列问题，最终导致包括一些新型高效、环境友好的农药品种在内的大部分农药品种使用寿命迅速缩短甚至被淘汰。如有些地区由于阿维菌素、吡虫啉等一些新型高效杀虫药剂的不合理使用而使害虫抗药性迅速增强，导致这些药剂被淘汰，以至于到了无药可用的地步。世界化学农药销售额在300亿美元，生物农药所占比例极低。尽管化学防治面临严重的"3R"问题，但是农药的应用还是为害虫防治、保证食物生产做出了重要贡献。在可预见的将来，化学防治仍然是解决农牧业生物灾害的关键技术。尤其是近期，现代农业追求高产优质，农村劳动力大量向城镇转移，使许多有害生物综合治理措施无法实施，实际上化学防治几乎成为目前农业有害生物防治的唯一有效途径。因此，在目前和将来一个很长的时期内，化学农药及化学防治在病虫草鼠害控制中仍将占有重要地位。

1. 化学防治的特点

化学防治是指应用化学杀虫剂引起昆虫生理机能严重障碍并导致死亡的防治方法。当害虫大发生时，化学防治是最有效的方法，是害虫防治体系的一项关键性技术措施，尤其是在面临害虫大暴发时，能够有效降低灾害造成的损失。

化学防治突出的优点是简便、快速、高效、急救性强、适应范围广；化学农药品种、剂型多样，效果稳定、便于大规模工业化生产，成本低廉、易于运输和储藏。目前和在今后一个相当长的时期内，化学防治依然是害虫防治的一个重要手段。

化学防治的缺点亦十分突出，由于人类大量不合理地使用化学农药，已经引起了一系列的环境和社会问题，导致了近年来日趋严重的"3R"问题（即残毒residue、抗性resistane和再猖獗resurgence）。

（1）农药残留和环境污染　化学农药具有高毒、残留期长、不易分解等特性，对农畜产品的污染以及对生态环境的影响等都是不容忽视的。

（2）抗性　由于长期依赖于农药的使用，许多重要的害虫都产生了抗药性。据估计，目前世界上已有近600种昆虫产生了抗药性，抗药性病原菌的数量近年来也一直在增加。

（3）杀伤有益生物　化学农药大多缺乏选择性，不仅对害虫有杀伤作用，而且对害虫的天敌及传粉昆虫等益虫、益鸟也有毒害作用，破坏了生态平衡，造成害虫再度猖獗为害和次要害虫上升为害。长期使用此类农药削弱了天敌对害虫的控制作用，甚至造成害虫越治越多，使生态环境陷入恶性循环。

2. 我国蝗虫灾害化学防治进展

我国历史上是蝗灾为害最为严重国家之一，明代徐光启曾说："凶饥之因有三，曰水，曰旱，曰蝗。惟旱极而蝗，数千里间，草木皆尽，或牛马毛幡帜皆尽，其害尤惨过于水旱者也"。最早可以追溯到公元前16世纪，殷商甲骨文中记载有"蝗"字。史书《春秋》《史记》《汉书》《宋书》《魏书》《隋书》《明史五行志》《清史稿灾异志》等均有关于蝗灾的记载。《新唐书》中记载了宰相姚崇破除迷信，利用蝗虫的趋光性，以火治蝗的例子。北宋时期制定了《捕蝗法》。元朝建立了地方首官负责制，有了"除蝗于未然"的预防意识，制定了秋耕晒卵的耕作制度和保护天敌的明令。明朝的徐光启撰写的《除蝗疏》中详尽地论述了如何治蝗。清代的治蝗律例更为完善，在陈芳生撰写的《捕蝗考》中，介绍了蝗虫发生规律与防治方法，逐渐趋向科学防蝗。关于蝗灾的历史，周尧编著的《中国昆虫学史》中有系统的阐述。

新中国成立以来，党和国家高度重视治蝗工作，通过对蝗区进行大规模改造，结合化学防治，使蝗灾治理取得了明显成效。曹骥（1951）首先研究了六六六毒饵治蝗技术。邱式邦（1952）将六六六粉使用量减低，仅为原用量的1/6，并于20世纪70年代提出了"预防为主，综合防治"的植保方针。马世骏（1954）提出了"改治结合、根除蝗害"指导思想。20世纪90年代，严毓华提出了"生物防治与生态治理相结合"的蝗虫治理理论，李鸿昌提出了"农田连片、减少入侵"的统一规划理念。陈永林提出了"系统生态学和生态工程学"的观点方法，以及"植物保护、生物保护、资源保护、环境保护"相结合的"四保"对策。康乐建立了蝗虫分子生物学基础，揭示了飞蝗散居型向群居型过渡的型变机制。另外，中国农业大学应用微孢子虫治蝗取得重要进展。中国农业科学院植物保护研究所应用真菌防治蝗虫取得长足进步，与农业农村部农药检定所共同制定了真菌农药国家标准，启动了我国真菌杀虫剂登记，2002年我国第一个真菌杀虫剂产品上市，截至2017年应用真菌防治蝗虫面积超过1亿亩，2019年完成了国内首条全过程自动控制生产线建设。

蝗虫化学防治见证了化学农药使用的变迁过程。1874年，德国化学家齐德勒（Othmar Zeidler）用化学方法合成了DDT（Dichloro-diphenyl-trichloroethane）。1939年，瑞士化学家穆勒（Paul Mueller）发现DDT是昆虫的神经毒剂，能够有效地防除蚊虫而控制虫媒传播的疟疾、伤寒蔓延，产品上市后使数亿人从疾病的痛苦中解救出来，挽救了近千万人的生命。一时之间DDT成为灵丹妙药，穆勒也因为发现DDT杀虫活性于1948年荣获诺贝尔生理/医学奖。随后，有机氯同族化合物林丹lindane（1942）、六氯环己烷（六六六）hexachlorocyclohexane（1946）、艾氏剂aldrin（1948）、狄氏剂dieldrin（1949）和异狄氏剂endrin（1951）被不断地研发合成。1946年，六氯环己烷（六六六）被英国帝国化学工业有限公司（ICI）大规模开发上市。人们以为找到了包医百病的良药，这些化学药剂也被认为是害虫的终结者。这一时期，六六六、狄氏剂也开始用于防治蝗虫，能迅速减少蝗虫种群数量。1952年，六六六粉剂和毒饵在防治我国蝗虫灾害中发挥了重要作用。1953年以后，有机氯为主要有效成分的农药被大面积推广应用，有效地控制了蝗灾的发生。1962年，美国女作家蕾切尔·卡尔森（Rachel Carson）著作的《寂静的春天》一书出版，暴露出化学农药的负面效应，引发了公众对环境问题的关注，使得化学农药研究转向寻找更安全的化合物。

20世纪70年代，有机磷农药马拉硫磷（malathion）、乐果（dimethoate）、甲胺磷（methamidophos）等开始占据主导地位。有机磷农药具有选择性、药效高、成本低等特点，在防治工作中被广泛应用。如美国采用马拉硫磷和乙酰甲胺磷（acephate）防治蝗虫灾害，巴西采用杀螟硫磷fenitrothion和马拉硫磷防治迁飞性蝗虫，均取得了很好防治效果。在我国新疆巴里坤草原，用飞机超低量喷雾方法，进行化学防治蝗虫试验，结果表明马拉硫磷与敌敌畏（DDVP）混剂、乐果、稻丰散（phenthoate）和乙基稻丰散（phenthoate ethy）等15个处理均可替代六六六粉剂防治草原蝗虫。

20世纪80年代后期，蝗虫的防控工作逐渐由单一追求防效，向防效与环保兼顾转变。人们开始关注高效低毒化学农药的使用，多种药剂混用、轮用、交替使用。1990年，随着拟除虫菊酯类农药的引进，逐渐替代了有机磷类农药为主的蝗灾防治。例如，杀螟硫磷（fenitrothion）和氯氰菊酯（cypermethrin）混配试验，对抗药较强的蝗虫种类防效达90.0%～97.0%，杀螟硫磷与氰戊菊酯（fenvalerate）混配试验，施药后72h蝗虫死亡率达到88.5%～97.0%。至此，菊酯类化学农药开始主要用于我国蝗灾的防治。

20世纪90年代至21世纪初，氟虫腈（fipronil）在蝗虫的防治工作中占据了重要地位。但由于其对水生生物、传粉昆虫、昆虫天敌等非靶标生物的不良影响，2009年7月1日被限制使用。目前，蝗虫化学防治药剂种类多样，有菊酯类、大环内酯类、新烟碱类农药等，符合高效低风险要求，在蝗虫防治过程中发挥了重要作用。例如，应用4.5%高效氯氰菊酯（beta cypermethrin）和2.5%高效氯氟氰菊酯（lambda-cyhalothrin）超低量喷雾，3d后蝗虫防治效果达到86.5%，7d后就达到90.4%，15d后达到92.1%。这类药剂不仅用药量低，与有机磷化学农药相比，节约开支近90%。据最新统计表明，我国农药登记用于防治蝗虫的产品有35个，有效成分12个，其中化学农药有敌敌畏、马拉硫磷、吡虫啉（imidacloprid）、溴氰菊酯（deltamethrin）、高效氯氰菊酯、阿维·三唑磷（triazophos）共7个产品，植物源农药有苦参碱（matrine）和印棟素（azadirachtin）2种，微生物农药有球孢白僵菌（*Beauveria bassiana*）、金龟子绿僵菌（*Metarhizium anisopliae*）、蝗虫微孢子虫（nosema locustae）3种。上述产品通过了我国农药登记风险评估程序，均为低风险防蝗药剂，正常使用不会对农产品和环境安全造成不良影响。

除选择高效安全农药外，防治指标和防治适期也至关重要。目前，我国飞蝗防治指标为0.5头/m²，其他蝗虫为5～25头/m²，因种类而异。根据种群发生密度，分为3个级别：超过防治指标2倍以上为严重为害区；超过防治指标，低于2倍防治指标为为害区；没有超过防治指标但存在暴发风险的为潜在为害区。依据不同级别采取相应措施，严重为害区域以化学防治为主，为害区域主要以生物防治为主，潜在为害区以生物防治结合生态调控进行预防。建议进行蝗虫种类普查、蝗区区划，作为分区分级防控的依据。蝗虫种类多、交替发生，防治适期的选择是关键，优势种3龄之前防治效果最佳，同时要兼顾其他种类防治。此时蝗蝻聚集为害，虫体小、耐药性差。同时制定化学农药交替使用、间隔施药技术，化学农药与生物农药互补应用技术措施，预留天敌避难所。依据发生区面积制定防治方案。小面积、局部发生区域，采用背负式设备带药侦察，发现高密度区及时防治；在发生面积小于500hm²的集中连片区域，采用大型地面喷雾设备进行防治；发生面积大于500hm²以上的区域，优先使用飞机防治，推广超低容量喷雾施药技术和GPS飞机导航精准控制技术。在地形、植被环境复杂发生区域，可以选择适宜的防治措施提高防治效果。

3.化学防治存在的问题与发展路径

化学农药广泛使用在取得重要防治效果的同时，也带来了许多问题。

一是高风险化学农药用于防控蝗虫可能会引发环境污染及健康损害问题。1985—1986年，呋喃丹（carbofuran）被广泛用于加拿大蝗虫防治，分别占艾伯塔省总喷洒面积的57%（44.06万hm²）和65%（46.87万hm²），导致大量动物、鸟类因取食植物而死亡，大量海鸥等天敌捕食蝗虫二次中毒。萨勒赫地区因化学防治蝗虫后禁令管理不善，导致民众出现了头晕、头痛、呕吐等症状，呼吸系统、神经系统、肠胃系统等均受到了影响。

二是化学防控剂型技术落后会导致环境污染及生态损害问题。1970年以前，化学防治蝗虫的油剂和饵剂以现场配制为主。油剂多以二线油为载体，对喷施设备有腐蚀作用，对环境影响较大；饵剂配制管理粗放，导致非靶标生物中毒事件时有发生。悬浮剂其理化性能易发生变化，如分层、絮凝、结块等。可湿性粉剂用于蝗虫防治，会影响土壤理化性质，对土壤中蔗糖酶、脲酶、过氧化氢酶及细菌等微生物有明显的抑制作用。乳油助剂多为苯、甲苯、甲醇等，比例占到30%~60%，对防治区人畜、鸟类影响严重，导致环境安全问题。

三是化学防控技术落后会造成"3R"问题。防治措施单一和过度依赖化学农药导致的抗性（resistance）、残留（residue）和再猖獗（resurgence）问题，已成为世界公认亟待解决的难题。经检测，东亚飞蝗对马拉硫磷已产生抗性，天津为2.9倍，海南为14.8倍，河北为57.5倍。同时，部分区域生态保护意识落后，农药使用量逐年增加，蝗虫天敌等有益昆虫迅速减少，导致生态系统失衡进而引发蝗虫再次暴发。飞机和无人机缺乏精准控制、漂移严重、环境残留污染问题严重。2015年前，北美、澳大利亚、非洲部分地区已经使用GPS导航系统，但定位精度不够、设备匹配不到位问题，并未实现真正意义的精准施药。

基于以上问题，需要进行新型高效低风险化学药剂研制开发为蝗虫有效防控提供物质基础。我国化学农药创新平台建设日趋完善，高效低风险农药设计理念已经形成。未来针对分子靶标设计而开发的新药将会有巨大的商业前景，包括以发育抑制、不育诱导、滞育调控等为目的的新靶点药物研发，将会有重大突破。其特点是专一性强，理想状态可以一虫一药，环境友好，对人畜无害。另外，缓控释型新剂型具有良好的开发价值。针对目前防治蝗虫成熟的高效低毒化学农药，如拟除虫菊酯类、新烟碱类等常规农药开发新剂型。能够显著克服原有助剂污染环境、有效利用率低的局限，为蝗虫高效精准防控提供有力支撑。

同时，也要大力发展精准高效施药技术为蝗虫应急快速精准防控提供技术基础。利用红外传感和3D识别技术，研发基于施药场景和靶标生物特征识别技术，研制人工智能精准变量施药装备。蝗灾发生区面积大，识别困难，无人机遥感平台可以轻易实现大面积监测与防控。通过土壤特征及理化性质分析，建立蝗卵密度、发育进度预测模型，可以准确描述发生区及其蝗卵分布特征。既可以减少工作量，又能克服卫星遥感分辨率低的缺点。无人机用于防治蝗虫单机一天作业量超过1 000亩，实现省水90%、省药30%，有效解决了漏喷、重喷的问题。对于局部高密度蝗群防治，具有重要的应用价值。

最后，推行绿色可持续防控技术才是害虫综合治理的根本。蝗虫具有突发性、暴发性、迁飞性特征，化学防治是应急治理的主要技术手段，而有蝗无害，实现生态系统平衡是未来蝗灾绿色可持续防控的理想目标。第一，构建蝗虫防治生态经济阈值，蝗灾防控不能只考虑经济效益，还要兼顾生态效益。第二，化学防治要考虑与生物农药互补应用，既可以快速压低蝗虫种群又能够实现持续，同时要保护天敌，实现生态治理。第三，分级分区策略，应根据蝗灾的不同发生区域和为害程度采取相应的防治手段，多种防治措施相结合，建立蝗虫综合防控技术体系，才能从根本上控制蝗害。

2020年年初，百年不遇的沙漠蝗灾突发，数百万人口受灾。自然界发出警告，蝗灾依然是人类需要面对的严重威胁。蝗灾暴发，化学防治往往是首选的技术手段。近百年来，总体上蝗灾防治紧紧跟随了绿色环保发展的脚步，但也存在农药不合理使用现象及对非靶标生物的影响。未来，随着新型农药的研发，监测技术的提高，蝗虫防治必将走向无害化精准防控。

四、物理防治

利用光、热、电、声、温度、湿度等物理因子和器具、机械防治害虫的方法称为物理及机械防治。这类防治方法可以作为害虫综合治理的辅助手段，或者作为监测措施。物理及机械防治对于仓库害虫，具有独特的效果。其中不少措施是传统治虫方法的继承和发展，在农业、草原害虫防治中发挥重要作用。

1. 常用方法

（1）人工或器械捕杀　根据害虫的栖息或活动习性，利用人工或简单器具进行捕杀。例如，人工采卵，摘除虫果，扑打群集期的蝗蝻；用铁丝钩钩杀天牛幼虫；用拍板拍杀稻苞虫幼虫等。

（2）阻隔措施　根据害虫的活动习性，设置适当的障碍物，阻止害虫的扩散或入侵。如菇房装纱窗、纱门防止害虫入侵；水果套袋，阻止食心类害虫对果实的为害；根际培土，阻碍在树干周围浅土层中化蛹的越冬幼虫在来年春天的正常羽化；在树干上涂胶、刷白、填塞蛀孔、刮去老树皮等可阻止树木害虫下树越冬和上树产卵或成虫羽化。

（3）分离除虫　该方法广泛应用于储粮和种子害虫的防治。常用的有风除、筛除、风筛结合等。

（4）色、光的利用　利用昆虫对光的趋性、负趋性诱集或驱避害虫。灯光诱集常用于害虫的检测和直接诱杀，如用黑光灯监测害虫田间发生期和发生量，至今仍是广泛应用、不可缺少的预测预报的重要手段，在生产中发挥了巨大的作用。用高压杀虫灯、频振式杀虫灯、双波诱虫灯可直接诱杀大量成虫。用黄板诱杀斑潜蝇、蚜虫，用银膜避蚜等方法，在农牧业生产中发挥了重要的作用。有研究表明，亚洲小车蝗具有一定趋光性，可利用该特性对亚洲小车蝗进行诱杀。

（5）温度、湿度的利用 日光暴晒、烘干、蒸气、烫种等高温处理方法是防治仓库害虫和处理种子最广泛而常用的方法；北方地区则在冬季开仓利用自然低温杀灭害虫；现代化粮仓已实现仓库温度、湿度的自动化检测和控制，能有效控制害虫的发生和为害。

2. 新型物理防治技术

（1）辐射技术 目前已经发现，利用核辐射或电离辐射处理谷物、豆类、干鲜果品、蔬菜、肉类、水产品等，能够达到杀虫、灭菌的目的，紫外线照射处理也有较强的灭菌效果。一定剂量射线辐射可以引起昆虫的蛋白质分子水平上的改变，破坏其新陈代谢；还可抑制昆虫的核糖核酸和脱氧核糖核酸的代谢、导致其生殖细胞染色体易位等变化，使昆虫当代不育，这个一定剂量即不育剂量。利用不育剂量的射线照射人工饲养的雄虫，之后将其释放到田间。照射与未照射雄虫与自然界雌虫竞争交配，经照射的雄虫交配后产生的卵不能孵化，经过几次向田间释放照射的雄虫，可使此害虫在此田灭绝，这即为辐射不育技术。目前，辐射雄性不育防治害虫是物理学防治方法中非常重要的一种方法。

辐射不育技术具有消耗能源少、不污染环境、不危害人畜与有益昆虫、专一性强、防治效果好等特点。我国从20世纪60年代开始辐射不育防治害虫的研究，部分研究取得阶段性成果。如华南农业大学在200hm^{2}的面积上防治蚕蛆蝇，防效达98%，中国农业科学院对玉米螟的防治、浙江省农业科学院对小菜蛾的防治、台湾省对橘小实蝇的防治均取得较大进展。

射线使昆虫不育的方法是用一定范围辐射剂量的带电粒子（如质子、电子）或不带电粒子（如χ射线、γ射线、中子）对防治对象的某一虫态（蛹或成虫）进行处理，经辐射处理后，一方面要使受照射害虫的体细胞基本上不受损伤，仍能保持正常的生命活动和寻找配偶的能力，另一方面诱发受照射害虫生殖细胞里的染色体产生断裂或易位，形成带显性致死突变的配子，导致与这种配子结合而成的合子死亡，使与正常虫交配后所产的卵不能孵化，丧失继续繁殖的能力。一般来说，中子照射的效果要好于γ射线，但其应用起来很不方便。目前以使用^{60}Co、^{137}Cs产生的γ射线为主。不同种类的昆虫具有不同的辐射敏感性：一般鞘翅目、直翅目昆虫要比双翅目、膜翅目昆虫具有较高的敏感性，而鳞翅目昆虫对辐射最不敏感。

（2）声波技术 分析昆虫的发声特性，利用声波防除害虫，也是一项方兴未艾的研究课题。声波防治害虫的方法可以分为忌避音、引诱音、信息传递阻碍音、杀虫音波的利用和其他间接利用等5类。

在生产实践中，害虫防治常用的声波类型是超声波。超声波是一种振动频率在15 000Hz以上的机械波。由于它的频率高、能量大，在农业害虫防治中应用甚广。尤其对水生昆虫而言，超声波能导致水从昆虫气门浸入虫体内，从而使其在短时间内死亡。已有实验表明，在市场销售的超声波净化器内，蚊子的幼虫仅在声波发振的1～2min内就溺死了，蛹也不能羽化，同时某些频率的超声波能影响害虫的交尾能力和生殖能力。

此外，从综合防治的角度上考虑，声波防治无毒、无污染，而且使用成本低廉，是一种很有运用前景的害虫防治方法。

（3）微波技术　微波是一种使分子在高频电磁场中发生剧烈振动，彼此相互摩擦、发生极化而达到加热作用的电磁波。应用微波加热防治仓库害虫及农、林、草业种子害虫具有速度快、效果好、无残毒、无污染、无余热、操作方便的优点，是口岸旅检、邮检工作中除害效果比较理想的方法。微波加热与常规加热不同，是在微波电磁场作用下，介质分子振荡（频率每秒近50万次）相互摩擦而产生大量的热，不仅加热速度快，而且效率高。该技术在不影响介质质量的前提下杀死害虫，是快速杀灭检疫性害虫的新方法。

五、生态调控

害虫生态调控是一项复杂的系统工程。它是以调控生态系统或区域性生态系统为中心，以调控作物—害虫—天敌食物链关系为基础，以综合、优化、设计和实施等生态工程技术为保障的一项害虫管理系统工程。

1. 害虫生态调控的基本原理

在农田生态系统中，作物—害虫—天敌及其周围环境相互作用，相互制约，通过物质、能量、信息和价值的流动构成一个有序的整体。因此，进行害虫的管理必须从这个整体出发，根据生态学、经济学和生态调控论的基本原理，强调充分发挥系统内一切可以利用的能量，综合使用包括害虫防治在内的各种生态调控手段，对生态系统及其作物—害虫—天敌食物链的功能流（能流、物流、价值流）进行合理的调节和控制，变对抗为利用，变控制为调节，化害为利，将害虫防治与其他增产技术寓为一体，通过综合、优化、设计和实施，建立实体的生态工程技术，从整体上对害虫进行生态调控，以达到害虫管理的真正目的农业生产的高效、低耗和持续发展。开展害虫的生态调控，应遵循以下的四项基本原则。

（1）功能高效原则　根据生态系统内物质循环再生和能量充分利用的原理，从整个农田生态系统功能出发，充分发挥系统内一切可以利用的能量，综合使用包括害虫防治在内的各种措施，如作物的区域性布局、轮作、套间作、合理的肥水管理等，调控生态系统和作物—害虫—天敌食物链的功能流，使系统的整体功能最大化。

（2）结构和谐原则　根据生态系统结构与功能相协调，系统内生物与环境相和谐，生物亚系统内各组分的共生、竞争、捕食等作用相辅相成的原理，合理调整作物的布局和结构，因势利导地利用系统内作物的耐害补偿功能与抗逆性功能，以及天敌的控制作用和其他调控因子，变对抗为利用，变控制为调节，为系统的整体服务。

（3）持续调控原则　根据生态系统具有自我调节与自我维持的能力，以及朝着系统功能完善方向演替的特性，在掌握生态系统结构与功能的基础上，对作物的生长发育，害虫与天敌的种群动态及土壤肥力进行监测，设计和实施与当地生物资源、土壤、能源、水资源相适应的生态工程技术，将害虫管理融入整个农田生态系统功能完善的过程中，最大化发挥系统内各种生物资源的作用，提高系统的负反馈作用和调控能力，将系统内主要害虫持续控制在经济允许水平之内。

（4）经济合理原则　根据经济学中的边际分析理论，要求害虫生态调控所挽回的经济收益大于或等于其所花去的费用。

2. 害虫生态调控的方法论

（1）系统分析方法　害虫生态调控是以农田生态系统为对象。而农田生态系统是一个动态可控的系统。因此对该系统的优化管理，可采用多目标规划、Bellman动态规划和系统动力学方法来进行。其目标函数和约束方程为：

$$\text{Opt}\{E(x, u), P(x, u), O(x, u), -L(x, u), -R(x, u)\}\text{S.t} \quad S(x, u)>0$$

式中，x 为系统变化的状态变量；u 为决策变量，表示各种调控措施；E、P 和 O 分别为系统的价值流、物质流和能量流的函数；L 为各种流的耗损值函数；R 为系统的生态风险分析函数；$S(x, u)$ 为约束条件，它是农业持续发展的各项指标，如土壤微生物活力与肥力，害虫与天敌种群变化状况以及能源耗竭值等。

（2）生态能学方法　能量是所有生态系统共有的单位，能流是种群密度、年龄结构、存活率、生物含能量的综合反映，它能将作物—害虫—天敌的相互作用及其与环境因素的相互作用有机结合起来，从生态系统功能的整体上分析和比较各种生态调控措施对害虫与天敌的影响，定量评价各种生态调控的作用，从而进行系统分析与决策，为开展害虫生态调控的研究提供了一条有效的方法。

3. 常用的害虫生态调控措施

害虫生态调控措施很多，常用的有以下几种。

（1）调控害虫的自身种群密度　因势利导利用害虫种群系统的自我调节机制，抓住薄弱环节，抑制害虫种群的发生；使用性信息素等行为调节剂，诱杀和干扰成虫的行为，压低虫源的基数；应用昆虫忌避剂，拒食性和生长发育调节剂等"调控型"农药，调控害虫种群的密度，适时合理使用高效低毒的特异性农药，着重于提高防治的效果。

（2）调控害虫—天敌关系　种植诱集作物或间套作等过渡性作物，创造天敌生存与繁衍的生态条件；减少作物前期用药，让天敌得以繁殖到一定数量，发挥自然天敌对害虫的调控作用；使用选择性农药和各种生物制剂，如病毒、Bt等，减少对天敌的杀伤作用；结合农事操作，促使害虫"自投罗网"，提高天敌的捕食效率。

（3）调控作物—害虫关系　调节作物播种时间与栽培密度，避减害虫对作物空间上的为害程度；充分利用作物的自然抗性和耐害补偿功能，放宽害虫防治的经济阈值；人为诱导作物的超补偿功能和诱导性抗性，化害为利，增加作物产量；通过追施化肥、喷施生长调节素、整枝等改善作物的能量分配，提高作物的生殖生长能力；调控土壤微生物的活力，直接或间接抑制害虫的发生。

（4）调控生态系统或区域性生态系统　区域性的作物布局，充分利用光、热、水等自然资源；进行作物的轮作、间套作，提高土壤肥力和经济效益；选用适于当地生物资源、土壤、能源、水资源和气候的高产抗性配套品种。

4. 害虫生态调控的实施

害虫生态调控的实施以生态系统或区域性生态系统的结构、功能（能流、物流、信息流和价值流）的研究为基础，根据害虫生态调控所遵循的基本原则，在明确的目标函数、约束条件和相应对策下，应用系统工程的原理和方法，进行整体层次分析，结构与措施的综合，优化组装，设计出害虫生态调控的初步方案；在执行过程中，结合当时土壤、作物、害虫和天敌的资料，重新进行综合评价，优化和设计后，决策出实施的行动方案。

六、新技术

随着化学药剂大范围、大剂量的重复使用，"3R"（抗性、残留和再猖獗）问题备受关注。而近年来，害虫对转基因抗虫植物（转Bt棉等）也产生了不同程度的抗性，如何高效、无污染且不易产生抗性的防治方法一直是人们探索的目标。随着科学技术的飞速发展，各种新的害虫防治技术应运而生。

（1）转基因抗虫植物的应用　自1983年转基因植物（烟草、马铃薯）诞生以来，短短的十几年来，转基因抗虫植物已经从实验室走向田间并开始大面积推广。1988年全世界已有9个国家种植转基因抗虫植物，Bt抗虫玉米种植面积已达1 450万hm²，Bt抗虫棉250万hm²。我国从1998年开始种植Bt抗虫棉，当年达30万hm²。统计分析表明，Bt抗虫作物一般都能较好地控制目标害虫，使杀虫剂用量显著减少，农作物经济产量显著提高。因此，推广种植抗虫棉有着重要的现实意义。目前，Bt基因已被成功地转入许多作物（如玉米、棉花、大豆、花生等），并在大田条件下得到高效表达。除Bt基因外，许多植物抗虫基因的转入、表达也取得进展，甚至蜘蛛、捕食螨、蝎子等动物的神经毒素基因也被成功地转入植物并得到表达。转基因抗虫植物与化学杀虫剂相比，具有使用简便、高效、对天敌和环境安全等优点，是一项值得推广的新防治方法。

（2）重组微生物新型微生物农药的应用　微生物农药对环境、生态安全，它的发展一直受到人们的重视，但过去用传统选育方法得到的自然菌株，其防治对象窄、效果不够稳定持久，而通过基因工程重组的微生物杀虫剂，在杀虫谱和毒力方面大大提高且稳定持久，如Bt杀虫剂应用微生物遗传工程技术（如质粒清除和接合转移）可以建立新的Bt杀虫晶体蛋白基因组，以发展高效杀虫活性的Bt菌株。国内外科学家已经将这些技术成功地发展了多种工程菌，这些由工程菌产生的制剂杀虫谱扩大、杀虫活性高，是新型生物农药的发展方向。

（3）遗传防治　遗传防治主要通过改变害虫的遗传物质，以降低其繁殖力，达到控制或消灭害虫的目的。其途径主要有两条：一是大量释放绝育雄虫，使其与自然界的雌虫交配，产生大量未受精卵，不能孵化，以降低后代的种群数量；二是通过释放遗传变异的能育昆虫来防治或替换自然种群，造成胞质不育、性畸变、染色体易位等。总之，通过害虫的遗传学控制以削弱害虫种群的遗传适应性，从而达到消灭害虫的目的，这将是一种很有意义的防治方法。

（4）RNAi技术　随着RNAi技术的深入研究以及与其他分子生物学的综合运用，RNAi技术在害虫防治和新型农药开发等方面发挥着举足轻重的作用。在害虫防治领域，RNAi技术作为一种新型的害虫防治策略逐渐被人们接受，并在实验室条件下成功应用于鳞翅目、鞘翅目、直翅目、双翅目、同翅目、蜚蠊目和等翅目中某些种类的害虫。在RNAi研究中，合适的靶基因和适当的导入方法是其成功的关键。

（5）信息技术应用于综合防治害虫　通过遥感技术，结合全球定位系统和地理信息系统，对遥感信息、地理信息和气候气象信息进行有序整理和综合分析，建立迁飞性害虫发生和为害的信息模式，揭示害虫种群的发生规律，从而能远距离、全方位监控害虫，为农业生产再上新台阶提供良好的保证。

第三节　害虫综合治理

有害生物综合治理即IPM（integrated pest management），我国通常把它称作综合防治。国内外多数学者认为较全面的定义是："根据生态学的原理和经济学的原则，选择最优化的技术组配方案把有害生物种群数量较长期地稳定在经济损害水平以下，以获得最佳的经济、生态和社会效益"。其基本思想是在最大限度利用自然调控因素的基础上，辅之于农业防治、生物防治、物理防治和化学防治等措施，建立一个不利于害虫发生的生态系统，促进农业的可持续发展。

有害生物综合治理作为一项防治害虫的基本战略，在全球范围内至少已有50年的历史。在我国，自1975年农业部将"预防为主，综合防治"确定为我国植物保护工作方针算起，也已有40多年的历史。这一战略对于人类害虫防治的思路和战术发展产生了重要影响，并在实践中取得了辉煌成就。由于IPM是针对依赖化学杀虫剂治虫的思想和做法提出来的，其在实践中成功程度的主要标志之一是在化学杀虫剂用量减少的同时，害虫仍得到有效的控制。在瑞典、丹麦、荷兰等国，从20世纪80年代中期以来，在IPM战略思想的指导下，在全国范围内已将化学农药的总用量减少了50%～75%，而害虫为害仍得到有效控制。如瑞典，1993年耕地化学农药用量为0.66kg/hm²（有效成分，下同）。纬度与我国相似的美国，自20世纪70年代中期起大力开展IPM的研究和实践，近年来化学杀虫剂用量不断上升的态势终于得到抑制。据联合国粮农组织（FAO）统计，1996年，美国在其17 700万hm²耕地上，化学杀虫剂总量为107 048t，即年总用量约0.604kg/hm²。在我国，IPM的研究也取得了许多成就，在实践中也发挥了积极作用，但在全国总体上还未产生应有的成效，化学杀虫剂用量一直呈上升趋势，全国总用量已从80年代中期的约13万t上升到近年来的20.4万t以上。若按总耕地面积13 469万hm²计，化学杀虫剂近年来的年总用量已达到1.53kg/hm²，为美国的2.6倍。

一、害虫综合治理的特点

害虫综合治理是一套害虫治理系统，它有几个特点：①不要求全部杀死害虫，而只要求降低害虫的种群数量，达到不造成经济为害的水平；②考虑到有关环境，不仅孤立地考虑害虫本身，也同时考虑其有关环境，这是第一次提出对环境、生物（包括人类）的安全问题；③恢复了早期综合防治的提法，即把各种防治方法尽量配合起来使用，以达到最好的防治效果。

二、害虫综合治理与可持续发展

可持续发展战略最基本的思想是，在满足当代人生活需求的同时，不损害后代人的生存利益，同时还应追求代内公正，即一部分人的发展不应损害另一部分人的利益。而IPM实际上是一种害虫可持续控制的战略。因此，应该认识到IPM是农业甚至整个社会可持续发展的一个重要组分。可持续发展为IPM的研究和实施提供了理论基础，IPM的成功实施也促进了农业的可持续发展。有关害虫控制的战略，近年来有不少讨论，也有许多学者试图对IPM的概念进行补充或修正。如丁岩钦（1993）提出以"害虫的生态控制"替代"害虫综合防治"。

三、害虫综合治理的中心概念

自1959年Stern等提出经济阈值（economic threshold）和经济为害水平（economic

injury level）以来，在学术界引起了极大的反响，为数众多的昆虫学家、生态学家和植保专家，对这两个术语进行了种种不同的定义和解释，具代表性的有如下两个定义。

Stern等于1959年对经济阈值定义为"经济阈值是害虫的某一密度，在此密度时应采取控制措施，以防种群达到经济为害水平"。而对经济为害水平的定义则是"将会引起经济损失的最低种群密度"。

Headley于1972年提出新的经济阈值定义，他运用数学和经济学的原理对经济阈值进行了较严密的定义："经济阈值为边际成本函数等于边际产值函数时的害虫种群密度，或造成损失的增量相当于防止该损失的成本增量时的害虫种群密度"。这正是在经济意义下的最适种群密度。

害虫的为害和造成的损失及防治的结果是一个十分复杂的问题，而且不光是经济问题。不少学者根据害虫的为害、经济、多因素影响、生态效应等，提出了相应的、多种多样的经济阈值模型。研究出更科学的经济阈值模型，用科学、合理的经济阈值指导害虫防治，在IPM中具有十分重要的意义。

四、害虫综合治理的对策

（1）政策和市场对策　从西欧多个国家近十几年大幅度减少化学农药的经历及我国目前单位面积化学杀虫剂用量是许多西方发达国家的数倍的事实，可以肯定我国化学杀虫剂用量可大幅度下降而不会导致害虫失控。从上述有关论述可见，有必要在全国范围采取一定的强制措施来促使化学农药用量的下降。如从政策上鼓励非化学方法的使用，制约化学农药的使用；通过税收、补贴等经济手段，从市场上制约化学农药的销售；加强对农药注册（如包括对天敌和环境的安全性指标）、生产、销售和使用的管理；加强对产品上农药残留检测和监督等。

（2）研究对策　李典谟等（1999）对害虫控制研究的策略和内容提出了建设性的构思，值得参考。由于IPM需要大面积连续实施，才能取得最好的效果，建议我国可以参照中山大学建立水稻IPM区和荷兰建立长期IPM试验区的做法，分不同农牧区域建立4～5个面积都在100hm²以上的IPM长期试验示范区，研究和建立IPM技术体系，并客观评价其经济效益、社会效益和生态效益。

（3）推广对策　除从组织、政策上健全农技推广部门外，应当积极开展以农民为中心的参与式推广，目的在于提高真正决策者水平，使IPM能在生产中得以实施。

（4）社会公众对策　加强宣传教育，提高全社会对环境保护和人体安全的认识，使全社会都来关心健康卫生食品的生产和销售，使广大消费者对健康卫生食品有更科学的标准，如不过分的追求无虫及完美的外观。这些不仅将给政府制定有关促进IPM实施的政策提供更有利的社会环境，也会给农民实施IPM提供便利。

第四节　草原害虫防控体系及标准化建设

随着人类对草原的干预活动增多，畜牧业的规模增大，使得草原生态平衡被破坏，导致草原不断发生退化，害虫的活动也不断加剧。如何将害虫的威胁控制在最低限度，保护草地资源，是我们面临的一大课题。2002年以来，在"预防为主，综合防治"方针指导下，在全国牧区组织开展了草原害虫"3S"监测预警技术与方法研究、草原害虫生物防控综合配套技术的研究，在草原害虫监测与防治研究方面取得丰富成果。

一是初步明确了我国草原害虫的主要种类及分布，建立了草原害虫数据库，揭示了部分害虫的发生规律和灾变机制，为更加有效的预防虫灾发生、组织害虫防治提供了参考。调查了全国353个固定监测点和1 765条线路，覆盖了所有18类824个草地型，建立了786种蝗虫数据库。研发了蝗虫种群密度与植被优势度色谱叠图数字化方法，实现了植被与蝗虫关系数据解译。创建了基于地理、气候和植被特征15个参数综合评判的蝗虫宜生指数模型，攻克了蝗区划界难题，划分了蒙古高原、新疆山地和青藏高原3区33个亚区，明确了关键种、迁移种蝗虫发生与分布，使监测与防控提高到亚区级别。针对草原蝗灾机理不明的问题，通过蝗虫与栖境关系向量分析，发现了蝗虫种间竞争存在时间上交替为害、空间上层叠发生的聚集为害规律。创建了蝗虫摄食分子检测方法，实现了蝗虫对栖境植物取食偏好的定性定量分析，定性精度100%、定量精度92.5%。据此，构建了选择性指数模型，揭示了蝗虫被动取食主导的随机扩散、主动取食驱动的定向迁移机制。阐明了亚洲小车蝗代谢类黄酮为苷元，反式激活类胰岛素途径调控发育进度，导致不同纬度种群同时暴发的成灾机理。

二是建立了草原害虫监测预警及风险评估技术系统，为更加准确地评估害虫发生趋势及可能造成的损失提供了技术支持。针对草原蝗灾精准预测难题，采用发育敏感温度阈值与积温积分算法，建立了发生期预测模型，使预测精度提高了15%；利用越冬基数回归算法，建立了发生量预测模型：$N_{t+1}=N_t \times e^{Nt \times (ax+b)}$，使预测精度提高了5%；通过蝗虫栖境参数拟合，创建了发生区预测模型，使预测精度达到了92.7%。预测技术被我国农业农村部采用，并被美国、澳大利亚、英国等国外同行引用。

三是研制了一批用于草原害虫防治的绿僵菌饵剂、可湿性粉剂、油剂等产品，筛选了高效低毒的化学农药、植物源农药，为有效控制草原害虫、保护生态安全奠定了基础。

四是建立了以生物防治和生态治理为主的草原蝗虫可持续控制技术体系，形成了适用于不同地区的蝗虫控制策略，有力地促进了生物防治技术在草原害虫防治中的推广、应用。

五是获得了一批科技奖励、软件著作权、发明专利等，制定发布了一系列国家标准和地方标准。获得的奖励，如草原害虫生物防控综合配套技术推广应用（2013年，全国农牧渔业丰收奖一等奖）、草原害虫发生规律研究与防控技术集成示范（2014年，甘肃省农牧渔业丰收奖二等奖）、青藏高原天敌昆虫资源调查与生防技术应用（2013年，西藏自治区科学技术奖一等奖）、蝗虫可持续防控技术研究与应用（2013年，中国农业科学院科学技术成果奖二等奖）、绿僵菌生物农药规模化生产技术（2010年，北京市科学技术奖三等奖）、绿僵菌生物农药生产技术与产品应用（2010年，中国植物保护学会科学研究奖二等奖）及绿僵菌生物农药生产技术与产品应用（2011年，大北农科技奖一等奖）等。开发的软件，如草原害虫监测预警管理系统、宁夏草原昆虫数据库系统等。发明专利，如乳浆大戟植物杀虫水乳剂、金雀花碱苦参碱杀虫水乳剂、一种旋幽夜蛾的人工饲料、蝗虫取食偏好性检测的方法及检测试剂、绿僵菌颗粒制剂及其制备方法、一种杀虫真菌及其应用、一种高效杀虫真菌及其用途、一种防治害虫的真菌颗粒剂的制造方法、昆虫自主飞行检测系统和分析方法等。制定发布了一系列标准，如《草原蝗虫宜生区划分与监测技术导则》（GB/T 25875—2010）、《宁夏草原昆虫调查技术规范》（DB64/T 949—2014）、《草原蝗虫防控技术规程》（DB64/T 950—2014）、《沙蒿金叶甲防控技术规程》（DB64/T 948—2014）、《主要地下害虫测报调查规范》（DB21/T 1987—2012）等。

六是建立了一批示范基地。通过项目实施所形成的实验条件、试验基地、中试线、生产线等，在中国农业科学院植物保护研究所农业部廊坊农业有害生物科学观测实验站建立了生物农药发酵工程平台，形成了真菌生物农药中试生产线。在内蒙古、新疆、青海、甘肃、宁夏、西藏等地分别建立了以绿僵菌为主的生物农药试验基地、化学农药示范基地、以牧鸡治蝗为主的生态治理示范基地，共计43个。

七是建立了以草原蝗虫绿色可持续防控为主的草原有害生物治理体系。建立的草原蝗灾绿色可持续防控技术体系，该成果被列入国家草原重大生物灾害防控计划。①创建了生态经济阈值模型，实现了经济与生态并重、生态优先的蝗灾防控精准决策。针对经济与生态并重、生态优先的草原蝗灾防控决策需求，首次提出了草地耐受性指数α、种库系数β、敏感性指数Si等生态评价参数，确立了生态经济阈值模型：$EET=S_i/FL_t \times [\alpha+\beta]E \times C \times P+CC/EC \times P_r$，多区域验证精度达90%。②研发了以减施化学农药为目的的应急防控技术。针对化学农药大量使用带来的环境污染问题，通过钙调磷酸酶CaN、钙调素CaM、肌醇三磷酸受体IP3R等代谢调控研究，发现了真菌与烟碱类、酰胺类、酰肼类等4类化学农药增效的分子靶标IP3R，研发了菌药互补、混配复配与间隔施药等化学农药减施的应急防控技术，应用后减少了化学农药用量50%。③建立了以真菌—天敌—环境协同调控为目的的持续防控技术。针对真菌持续调控蝗灾机理不明的问题，通过分子标记监测，发现真菌侵染→染菌蝗虫→媒介携带→进入土壤→菌根共生→循环侵染的持续防控过程。通过真菌制剂中加入诱食剂，提高了媒介动物携带效率。结合天敌招引与释放技术，防效达到了85%以上，持续防控8~10年。

另外，针对不同情况制定了分级分区防控策略（表3-1），与上述精准决策、2种技术共同构成草原蝗灾可持续防控技术体系。针对草原蝗虫聚集为害特点，制定了蝗灾分级防控策略。Ⅰ级，严重为害区，以生物防治为主的化学农药减施应急防控；Ⅱ级，为害区，以真菌防治为核心的绿色持续防控；Ⅲ级，潜在为害区，真菌接种式施药+天敌操纵的生态调控。针对草原蝗虫迁移为害特点，制定了蝗灾分区治理策略，实现了应急防控重灾区、持续防控灾害区、生态调控扩散区。该成果被列入农业部草原重大生物灾害防控计划，在内蒙古、新疆、青海等草原省区累计应用6.8亿亩（2014—2016年应用1.3亿亩），使全国草原蝗灾生物防治比例由15.4%提高到60.0%，少施化学农药1.36万t，挽回经济损失59.8亿元，生态效益和社会效益显著。技术输出至蒙古国、哈萨克斯坦等国，提升了"一带一路"沿线国家防蝗技术水平。

表3-1 草原蝗灾分区治理策略

草原类型区	绿色可持续防控技术集成	防治手段
蒙古高原草甸草原	绿僵菌（IPPMM0001-10）粉剂+白僵菌（IPPBM0001-5）饵剂+生长调节剂+植物源农药间隔施药	飞机+大型机械
蒙古高原典型草原	绿僵菌（IPPMM0011-18）油剂、饵剂+白僵菌（IPPBM0006-10）粉剂+生长调节剂+植物源农药混合施药	飞机+大型机械
蒙古高原荒漠草原	绿僵菌（IPPMM0019-26）饵剂+白僵菌（IPPBM0011-15）饵剂淹没式施药+生长调节剂	大型机械
新疆山地草原	绿僵菌（IPPMJ0001-13）饵剂、粉剂+生长调节剂接种式施药，引诱粉红椋鸟+释放牧鸡牧鸭	三角翼+大型机械
青藏高原高寒草原	绿僵菌（IPPMQ0001-9）油剂+白僵菌（IPPBQZ0001-5）粉剂淹没式施药+生长调节剂+植物源农药	直升飞机+大型机械

【本章结语】

害虫防治作为农牧业生产的一项重要措施，在农牧业可持续发展中具有举足轻重的作用。害虫防治不能孤立地把害虫作为唯一的目标去防治，而要把害虫作为生态系统中的一个组成部分，通过分析系统中害虫与其他组分之间的相互关系和作用方式，协调采用各种有效措施来管理这个系统，以达到控制害虫的目的。因此，在制订和实施害虫防治方法时要提高生态系统的稳定性，充分发挥天敌和其他生物因子的控制作用，避免或减少使用化学农药，安全、有效、持久地把害虫种群数量控制在造成经济损失危害的水平之下，达到保护生态环境，保障人畜健康，促进生产发展的目的。高新技术的发展，特别是生物技术与信息技术的迅速发展和在害虫防治中的广泛应用，将推动传统的害虫防治进入一个新的阶段。害虫防治要以生物防治、生态治理为主思想，改变害虫正常生理状态进而影响其生长发育，最终构建以生物防治为主的草原害虫绿色可持续防控技术体系。

主要参考文献

白全江, 程玉臣, 赵存才, 等, 2000. 春小麦田藜和野燕麦生态经济阈值模型的初步研究[J]. 华北农学报, 15(4): 93-98.

邓洪渊, 孙雪文, 谭红, 2005. 生物农药的研究和应用进展[J]. 世界科技研究与发展, 27(1): 76-80.

丁岩钦, 1993. 论害虫种群的生态控制[J]. 生态学报, 13(2): 99-106.

董立尧, 沈晋良, 高同春, 等, 2003. 水直播稻田千金子的生态经济阈值及其防除临界期[J]. 南京农业大学学报, 26(3): 41-45.

高崇省, 赵森, 1996. 害虫生物防治研究进展[J]. 天津农林科技(3): 38-44.

高岐, 李华玉, 张泽志, 2000. 微波加热分光光度法在磷酸根含量测定中的应用[J]. 河南农业大学学报, 36(2): 195-198.

高希武, 2010. 我国害虫化学防治现状与发展策略[J]. 植物保护, 36(4): 19-22.

高希武, 韩召军, 邱星辉, 等, 2009. 昆虫毒理学发展研究报告[M]//中国科学技术协会. 昆虫学学科发展报告. 北京: 中国科学技术出版社: 76-90.

戈峰, 丁岩钦, 1993. 昆虫生态能学理论与方法[M]//王祖望. 能量生态学理论与方法. 长春: 吉林科技出版社, 31-39.

郭荣, 2011. 我国生物农药的推广应用现状及发展策略[J]. 中国生物防治学报, 27(1): 124-127.

韩崇选, 杨学军, 王明春, 2005. 林区啮齿动物群落管理中的生态阈值研究[J]. 西北林学院学报, 20(1): 156-161.

贾宗锴, 刘满光, 2010. 昆虫性信息素研究现状[J]. 河北林业科技(3): 50-52.

兰仲雄, 马世骏, 1981. 改治结合根除蝗害的系统生态学基础[J]. 生态学报, 1(1): 30-36.

李典谟, 戈峰, 王琛柱, 等, 1999. 我国农业重要害虫成灾机理和控制研究的若干科学问题[J]. 昆虫知识, 36(6): 373-376.

李树林, 2005. 生物农药[J]. 云南农业(6): 21-24.

李云瑞, 2006. 农业昆虫学[M]. 北京: 高等教育出版社.

梁忆冰, 2002. 植物检疫对外来有害生物入侵的防御作用[J]. 植物保护, 28(2): 45-47.

廖继红, 吴训友, 2001. 农作物害虫防治新技术[J]. 江西农业科技(2): 33-34.

刘占山, 任新国, 刘祥英, 等, 2007. 理性看待化学农药[J]. 农药研究与应用, 11(2): 15-18.

罗咏梅, 2016. 丰镇市天然草原害虫综合防治策略的探讨[J]. 当代畜牧(20): 25.

骆有庆, 宋广巍, 刘荣光, 1999. 杨树天牛生态阈值的初步研究[J]. 北京林业大学学报, 21(6): 45-51.

吕坚, 1984. 粘虫为害小麦谷子损失率测定及防治指标的研究初报[J]. 病虫测报(1): 39-40.

马世骏, 王如松, 1984. 社会—经济—自然复合生态系统[J]. 生态学报, 4(1): 1-9.

马世骏, 1976. 谈农业害虫的综合防治[J]. 昆虫学报, 19(2): 129-140.

娜仁格日乐, 2009. 巴彦淖尔地区天然草原害虫综合防治策略的探讨[J]. 当代畜牧(10) 48-49.

齐江卫, 龚亮, 王会冬, 等, 2014. RNAi及其在害虫防治中的应用[J]. 西北农林科技大学学报(自然科学版), 42(7): 148-156.

邱德文, 2007. 我国生物农药现状分析与发展趋势[J]. 植物保护, 33(5): 27-32.

邱式邦, 1976. 植物保护必须坚持"预防为主、综合防治"的方针[J]. 中国农业科学(1): 41-47.

沈佐锐, 2009. 昆虫生态学及害虫防治的生态学原理[M]. 北京: 中国农业大学出版社.

盛承发, 杨辅安, 1999. 棉铃虫经济阈值研究中的几个问题[J]. 生态学报, 19(9): 720-723.

盛承发, 1989. 害虫经济阈值研究进展[J]. 昆虫学报, 32(4): 492-499.

盛承发, 1985. 华北棉区第二代棉铃虫的经济阈值[J]. 昆虫学报, 28(4): 382-389.

盛承发, 1984. 经济阈值定义的商榷[J]. 生态学杂志(3): 52-54.

孙凡, 1999. 物理学技术在农业病虫防治中的应用[J]. 世界农业(1): 31-33.

田生荣, 刘伟, 魏洪义, 等, 2010. 种昆虫生长调节剂对亚洲玉米螟的室内毒力测定[J]. 江西植保, 33(2): 72-74.

王海龙, 2017. 病虫害生物防治中绿僵菌的应用现状[J]. 农业与技术, 37(16): 34.

王顺建, 张玉, 朱良备, 2002. 安徽淮北地区麦田蚤缀生物学特性及生态经济阈值研究[J]. 杂草科学(3): 23-26.

温广玉, 柴一新, 郑焕能, 2001. 兴安落叶松林火灾变阈值的研究[J]. 生物数学学报, 16(1): 78-84.

文丽萍, 王振营, 叶志华, 等, 1992. 亚洲玉米螟对玉米的为害损失估计及经济阈值研究[J]. 中国农业科学, 25(1): 44-49.

吴孔明, 陆宴辉, 王振营, 2009. 我国农业害虫综合防治研究现状与展望[J]. 昆虫知识, 46(6): 831-836.

邢华, 2011. 浅析农业害虫生物防治的主要成就[J]. 现代农业(12): 41.

邢万静, 阚云超, 乔惠丽, 2014. 农业害虫生物防治的现状及发展趋势综述[J]. 安徽农业科学, 42(18): 5803-5806.

许振柱, 周广胜, 王玉辉, 2003. 植物的水分阈值与全球变化[J]. 水土保持学报, 17(3): 155-158.

闫俊杰, 成杰群, 贾乾涛, 2011. 我国植物检疫现状及除害处理研究进展[J]. 农业灾害研究, 1(2): 63-67.

杨怀文, 2006. 我国农业病虫害生物防治进展[C]//中国科学技术协会. 提高全民科学素质、建设创新型国家: 2006中国科协年会论文集(下册). 中国科学技术协会: 5.

杨建华, 1999. 利用核辐射雄性不育防治害虫技术[J]. 应用科技(2): 25.

姚文国, 2007. 我国植物检疫的现状与技术进展[J]. 植物保护, 33(5): 14-21.

于秀荣, 陈建仁, 黄社章, 等, 2000. 微波干燥粮食初探[J]. 中国粮油学报(5): 57-62.

张帆, 2015. 天敌昆虫资源的保护利用: 害虫控制的终极和谐之选[J]. 中国农村科技(10): 34-37.

张强, 2011. 水稻细菌性条斑病的发生与综合防治[J]. 农技服务, 28(4): 452, 462.

张兴, 马志卿, 李广泽, 等, 2002. 生物农药评述[J]. 西北农林科技大学学报(自然科学版), 30(2): 142-148.

张宗炳, 1986. 害虫综合治理的概念与要点(一)[J]. 植物保护(1): 29-32.

赵晓峰, 张夫刚, 鲁志斌, 2011. 农药科学合理使用与农产品质量安全[J]. 河南农业(14): 53-55.

Brown J R, Herriek J, 1999. Managing low output agro-eeosystems sustainably: the importance of eeological thresholds [J]. Canadian Joumal of Forest Researeh, 29(7): 1112-1119.

Diaz F R, 1999. Economic threshold of Heliothis virescens in three tobacco varieties from Cuba[J]. Revista Colombiana de Entomologia, 25(1-2): 33-36.

Edwards S, 1984. The demand for international reserves and exchange rate adjustments[M]. The Case of LDCs, 1964-1972.

Headley J C, 1972. Economics of agricultural pest control[J]. Annual Review of Entomology, 17(1): 273-286.

Kogan M, 1998. Integrated pest management: historocal perspectives and contemporary developments[J]. Annual Review of Entomology, 43: 243-270.

Larsson H, 2003. Water distribution, grazing intensity and alterations in vegetation around different water points in Ombuga Grassland Northern Namibia[J]. Swedish University of Agricultural Sciences, 225: 54.

May R M, 1977. Thresholds and breakpoints in ecosystems with multiplicity of stable states[J]. Nature, 269: 471-477.

Mitchell R A C, Lawdor D W, 2001. Response of wheat canopy CO_2 and water gas exchange to soil water content under ambient elevated CO_2[J]. Global Change Biology, 7: 599-611.

Muhammad Afzal, *et al.*, 2002. Evaluation and demonstration of economic threshold level（ETL）for chemical control of rice stem borers, *Scirpophaga incertulus* Wlk. and *S. innotata* Wlk[J]. International Journal of Agrieulture and Biology, 4(3): 323−325.

Norgaard R B, 1976. The economics of improving pesticide use[J]. Annual Review of Entomology, 21(1): 45−60.

Peterson A T, Martínez-Campos C, Nakazawa Y, *et al.*, 2005. Time-specific ecological niche modeling predicts spatial dynamics of vector insects and human dengue cases[J]. Transactions of the Royal Society of Tropical Medicine and Hygiene, 99(9): 647−655.

Soltania A, Khooieb F R, Ghassemi-Golezanib K, *et al.*, 2000. Thresholds for chickpea leaf expansion and transpiration response to soil water[J]. Field Crops Research, 68: 205−210.

Stern V M, Smith R F, van den Bosch R, *et al.*, 1959. The integration of chemical and biological control of the spotted alfalfa aphid[M]. University of Calif.

Tabashnik B E, Gassmann A J, Crowder D W, *et al.*, 2008. Insect resistance to Bt crops: evidence versus theory [J]. Nature Biotechnology, 26(2): 199−202.

Ukey S P, Naitam N, Patil M J, 1999. Determination of economic threshold level of mites on chilli crop[J]. Journal of Soils and Crops, 9(2): 268−270.

Ulu O, Onucar A, 1999. Investigations on the economic threshold of rose leaf roller, *Archips rosanus*（L.）（Lepidoptera: Tortricidae）[J]. Bitki Koruma Bulteni, 39(3−4): 103−114.

Whalon M, Mota-Sanchez D, Hollingworth R M, 2008. Global pesticide resistance in arthropods[M]. London: CABI International, UK: 1−23.

第四章 草原主要害虫监测预警及防控技术

【本章摘要】

本章主要分类介绍了草原蝗虫、草原毛虫、草地螟、叶甲、蚜虫等草原主要害虫的分布区域、为害特征、形态特征、生物学特性、测报技术和防治方法。

第一节 飞蝗

一、西藏飞蝗

西藏飞蝗（*Locusta migratoria tibetensis* Chen）属直翅目蝗总科斑翅蝗科飞蝗亚科飞蝗属。

1. 分布与为害

西藏飞蝗主要分布在我国西藏的雅鲁藏布江沿岸（拉孜、日喀则、江孜、泽当等）、阿里的河谷地区（孔雀河、狮泉河、象泉河等）、日土、班公湖畔、横断山谷（昌都、江达、贡觉、左贡、芒康、盐井等），以及波密、察隅、吉隆、普兰，四川甘孜州和阿坝州、青海囊谦等地区。

西藏飞蝗在西藏常年发生6.67万hm²左右，麦类作物及牧草从苗期到收获期均受其为害，一般受害率在5%～28%。为害严重年份，平均虫口密度达到400头/m²，最高达到1 200头/m²。

2. 形态特征（图版4-1至图版4-12）

西藏飞蝗根据生活环境可分为群居型和散居型。群居型：成虫体黑褐色，较固定。散居型：成虫体色常为绿色或随环境变异。

雌虫体型大而粗壮，颜面垂直。体长38.0～52.0mm，前翅长40.0～46.9mm。后足股节长21.6～25.5mm。产卵瓣粗短，顶端略呈钩状，边缘光滑无细齿。其余特征与雄虫相似。

雌雄成虫体色为绿色或黄褐色。复眼后方有1条细的黄色纵纹。前胸背板中隆线两侧常有暗色纵条纹，侧片中部常具暗斑。前翅散布明显的暗色斑纹，后翅则无斑纹，本色透明，只有翅基部略带浅黄色。后足胫节内侧黑色，端部有一完整的淡色斑纹，近中部处在下隆线之上，具一淡色斑，底部侧缘为蓝色。后足胫节橘红色。

卵：蝗虫一般将卵粒产在一起并分泌胶质将其包裹形成卵囊，呈圆筒状，卵囊内卵粒4列倾斜排列，上端大约有1/3长胶囊盖，每个卵囊含40～90粒卵。卵长椭圆形，中部略弯曲，长5mm左右，初产卵粒呈浅黄色，后逐渐变为红棕褐色，即将孵化时为褐色。

幼虫：具有5个龄期，体长、翅芽、前胸背板后缘、触角等随着龄期的增加，亦表现出明显的形态特征。

3. 生活习性

西藏飞蝗一年发生1代，局部地区发生不完整2代。以卵在土壤中越冬。幼蝻在4月中旬至4月底出现，5月上中旬进入孵化盛期，6月上、中旬始见成虫，6月底至7月中旬为羽化盛期，8月中、下旬进入产卵盛期，成虫一般终见于9月底或10月初。

西藏飞蝗是植食性昆虫，属多食性。主要取食禾本科作物和杂草。若虫一生要蜕皮4次。蝗蝻羽化一周后开始交配，雌虫要进行多次交配，多次产卵。但雌虫也能进行孤雌生殖。卵产于土壤中一般为棒状。西藏飞蝗具有较强的跳跃能力和飞翔能力，在较大密度时，就会出现群体飞翔（即迁移或迁飞）现象。

4. 发生规律与环境关系

（1）气候条件　温湿度主要影响西藏飞蝗的蜕皮，取食和生殖活动（飞翔，交尾等）。西藏飞蝗卵的孵化率一般为72%～83%，成活率亦在74%以上，羽化的虫数约为跳蝻期的70%。

（2）寄主植物　西藏飞蝗寄主植物主要为禾本科作物或杂草，寄主植物生长期短及繁茂与否，决定着种群密度的消与长。

（3）栖息环境　西藏大部分农业区和部分牧业区都在雅鲁藏布江、拉萨河、年楚河流域。这些地方海拔在1 000～4 300m，气候较温和，年平均气温5.0～16.0℃，水源丰富，土质好，植物种类丰盛，植被繁茂，很适宜西藏飞蝗栖息与发生，易造成为害。

5. 预测预报

设立蝗情监测点，特别是稳定基层蝗情监测人员，逐步探索西藏飞蝗发生为害与气候因子的相关关系，制定西藏飞蝗监测调查标准，做好出土孵化时期和数量、残蝗数量等调查，实行大田调查和人工饲养观察相结合，做到定点定时系统调查，才能结合各项生态因素准确地进行综合分析。做好查卵、残蝗及翌年查蝻工作。

6. 防治对策与防治方法

（1）农业防治 ①生态治理，改变西藏飞蝗蝗区植被。②改造蝗区，兴修水利，排灌配套，改造低洼内涝地，综合改造荒地，农田精耕细作。

（2）生物防治 ①保护和利用天敌控制西藏飞蝗；②生物农药防治西藏飞蝗，如杀蝗绿僵菌、微孢子虫、绿僵菌、苦皮藤素等。

（3）化学防治 4.5%高效氯氰菊酯、1%苦皮藤素超低容量喷雾。

二、亚洲飞蝗

亚洲飞蝗［*Locusta migratoria migratoria*（Linnaeus）］属直翅目蝗总科斑翅蝗科飞蝗亚科飞蝗属。

1. 分布与为害

主要分布于亚洲和欧洲部分地区。在我国亚洲飞蝗主要分布在新疆的沿湖、河流两岸及沼泽地，以及内蒙古、青海、甘肃等地，其分布区海拔高度一般在200～1 000m，最高达2 500m，最低达-154m（新疆吐鲁番的艾丁湖湖畔）。

亚洲飞蝗是重要农牧业害虫，也是历史性害虫，常聚集、迁飞为害。从20世纪末至21世纪初期，亚洲飞蝗为害呈现上升趋势。

2. 形态特征（图版4-13至图版4-14）

成虫体型较大，雄成虫体长36.1～46.4mm，雌成虫体长43.8～56.5mm。颜面垂直，颜面隆起宽平，头顶宽短，与颜面形成圆形。头侧窝消失。触角丝状，细长。前胸背板前端较狭，后端较宽，中隆线发达，侧观呈弧形隆起（散居型）或较平直（群居型）；后横沟几乎位于背板中部；前缘呈钝角形或弧形。根据形态和习性主要分为3种类型：散居型、群居型、中间型。散居型前胸背板后缘直角形或锐角形，中隆线由侧面看呈弧形隆起；体多绿色，后足胫节多红到淡红色。群居型前胸背板后缘钝角形，几圆，中隆线由侧面看平直或中部微凹；体多黑褐色，后足胫节淡黄或略带红色。中间型形态特征介于两者之间。

3. 生活史与习性

在新疆博斯腾湖蝗区和北疆准噶尔盆地边缘蝗区亚洲飞蝗每年发生1代，哈密、吐鲁番盆地一年可发生2代。亚洲飞蝗蝗卵孵化期，随年份和地点等环境条件的变化而有较大差异。亚洲飞蝗的适生环境为土壤含盐量低，pH值在7.5～8.0的湖滨滩地。而影响飞蝗发生的气候、水文、土质、地形、植被等因子综合作用，形成了各种蝗区。

一头雌虫一生可产卵300～400粒，繁殖力强。种群数量增长很快，因此易暴发成灾。亚洲飞蝗成虫具有远距离迁飞的习性，能跨地区乃至跨国迁飞扩散，导致其扩散区当年或翌年飞蝗灾害的暴发。

4. 发生规律与环境关系

亚洲飞蝗的发生和为害常与以下因素有关。

（1）温度、湿度　亚洲飞蝗越冬卵发育起点温度为14.7℃，蝗蝻发育起点温度为17.7℃，在24～36℃的恒温条件下，蝗卵孵化需要8.4～18.5d；在24～34.5℃恒温条件下，蝗蝻羽化为成虫需要22.85～59.79d，且均随温度升高，有发育历期缩短的趋势。

（2）寄主植物　亚洲飞蝗主要以禾本科和莎草科的作物为食，喜食芦苇、稗、玉米、小麦等，多发生在生长芦苇的沼泽地带。

（3）天敌　亚洲飞蝗天敌主要包括蜥蜴、蜘蛛、芫菁、寄生蜂、寄生蝇、鸟类等。

5. 防治对策与防治方法

防治亚洲飞蝗，必须依据种群密度、发生环境的特点，因地因时确定防治时期、防治方法。

（1）化学防治　应用化学药剂防治亚洲飞蝗暴发是目前最有效的方法。由于亚洲飞蝗具有远距离迁飞特性，目前在草原地区主要采用化学防治方法，其优点是操作方法简便、防治成本低、防治效率高等。

（2）生物防治　近年来，生物防治在蝗虫治理中得到迅速推广和应用，例如绿僵菌是真菌生物制剂，蝗虫微孢子虫是蝗虫的专性寄生原生动物，均可用于亚洲飞蝗的防治。在新疆蝗区使用绿僵菌防治飞蝗，7d后死亡数逐渐上升，15d后防效达83%以上。

（3）生态治理　牧鸡牧鸭灭蝗，是指人工培育鸡、鸭，并通过科学调驯将其用于蝗虫防治的一种方法。草原牧鸡牧鸭灭蝗不仅能增加农牧民收入，还能保护草原，具有长期生态效益。人工招引粉红椋鸟，在充分掌握粉红椋鸟生态学基础上，在蝗区人工修筑鸟巢和乱石堆，创造其栖息产卵的场所，招引粉红椋鸟育雏，并捕食蝗虫，控制蝗害效果十分明显。

第二节　草原蝗虫

一、亚洲小车蝗

亚洲小车蝗［*Oedaleus asiaticus*（B. Bienko）］属直翅目斑翅蝗科小车蝗属，是我国北方草原和农牧交错带重要害虫。

1. 分布与为害

在我国主要分布于内蒙古、宁夏、甘肃、青海、河北、陕西、黑龙江、吉林和辽宁等省区。严重为害时可导致受害作物减产50%以上，不仅造成牧草产量的损失，同时加重了对草原和农田生态系统的破坏。

2. 形态特征（图版4-15）

成虫：雄虫体长21～24.7mm，雌虫31～37mm；雄虫前翅长20.0～24.5mm，雌虫28.5～34.5mm。体绿或灰褐、暗褐色。前胸背板具浅色"X"形斑纹。前翅具明显的暗色斑纹，后翅基部淡黄色，未到达后缘的暗色横纹带，顶端烟色。后足股节内侧黑色，具2个淡色横纹，底缘红色，顶端黑褐色；胫节红色，基部淡色部分常混杂红色。

3. 生活史与习性

亚洲小车蝗，一年发生1代，以卵在土壤中越冬。5月中下旬越冬卵开始孵化，6月中下旬为若虫3龄高峰期，第五次蜕皮后，7月上中旬为成虫羽化盛期，7月中下旬为成虫盛期，7月下旬至8月上旬开始产卵。

亚洲小车蝗为地栖性蝗虫。适生于板结的沙质土，植被稀疏、地面裸露的向阳坡地和丘陵等地面温度较高的环境，有明显的向热性。每天中午为活动高峰，阴雨、大风天不活动。成虫有趋光性，且雌虫比雄虫强。在草场缺乏食料时，蝗蝻和成虫可集体向邻近的农田迁移为害。迁入农田为害时间的早晚与气象、牧草长势和虫口密度相关。高密度的蝗群常对农田造成毁灭性的为害。

4. 发生规律与环境关系

亚洲小车蝗的发生和为害常与以下因素有关。

（1）温度、湿度 分析历史资料，一般上年冬雪大，当年早春降水多是蝗虫大发生的重要因素。因冬雪可在地面形成保温层，有利蝗卵越冬，提高冬后成活率。早春降水较多，利于蝗卵水分保持和胚胎的发育好，尤其是5月上旬降水量多，对小车蝗发生有利，卵孵化期提早，孵化整齐，孵化率高，虫口密度大。光周期对亚洲小车蝗的生殖和生长也具有一定影响。亚洲小车蝗高龄若虫到成虫的发育速度在中光照下（L12∶D12）最快，长光照下（L16∶D8）更有利于亚洲小车蝗羽化。

（2）草场退化 草场退化是草原直翅目昆虫大量发生的一个重要原因。亚洲小车蝗的分布与植物种类、草地盖度和生产力有关，在重度和过度放牧退化草原区域分布较多。退化草原（草场）植被稀疏，地表相对裸露，适宜亚洲小车蝗等多种地栖性蝗虫栖息生存，而蝗虫的猖獗为害又加重了草原的退化，由此形成恶性循环。

（3）寄主植物 不同植物饲喂亚洲小车蝗，以针茅最优，羊草次之，而用冷蒿和菊叶委陵菜作食物则对其生长发育极为不利。亚洲小车蝗发生密度与针茅生物量显著正相关，与羊草生物量显著负相关，在针茅型草地，生长发育速率最快。特别是冷蒿作为食物胁迫，具有"高次生代谢物，低营养物质含量"的化学特性，导致营养代谢相关酶活性降低，解毒相关酶活性升高，不利于亚洲小车蝗的生长发育。针茅作为最优食物资源，具有"低次生代谢物，高营养物质含量"的化学特性，导致营养代谢相关酶活性升高，解毒相关酶活性降低，利于亚洲小车蝗的生长发育。取食冷蒿（菊科）的亚洲小车蝗虫体与取食针茅、羊草、糙隐子草（禾本科）的亚洲小车蝗虫体相比存在299个共同差异基因（196个下调，103个上调）。下调基因主要包括昆虫表皮合成相关基因、DNA复制相关基因、糖类合成与代谢相关基因、脂肪代谢相关基因和蛋白质代谢相关基因。上调基因包括抗逆性和解毒代谢相关基因，如热激蛋白heat shock。可见，与取食禾本科相比，取食冷蒿的亚洲小车蝗虫体物质能量代谢相关基因显著下调，抗逆性和解毒相关基因显著上调。同样，差异基因GO和KEGG富集表明取食冷蒿的亚洲小车蝗虫体物质合成及代谢过程和通路（如表皮合成、碳水化合物代谢等）显著下调，而抗逆性和解毒代谢相关过程和途径（如外源物质代谢、低氧诱导信号途径等）显著上调。这些基因和通路的变化源于亚洲小车蝗对冷蒿胁迫的适应，食物胁迫显著降低虫体基因表达，抑制物质合成与能量代谢，抗逆性和解毒能力增强，这也解释了为什么取食冷蒿的亚洲小车蝗个体生长发育缓慢，且亚洲小车蝗不选择取食菊科冷蒿（图版4-16）。

（4）天敌　亚洲小车蝗的天敌有虎甲、步甲、食虫虻、寄生蝇、泥蜂、蜘蛛、螽斯、芫菁等。

5. 防治对策与防治方法

（1）化学防治　是目前我国防治亚洲小车蝗的重要措施，然而化学防治在消灭蝗虫的同时，也杀死了大量天敌，大大削弱了天敌制约蝗虫的作用。天敌的减少也是20世纪90年代以来蝗虫频繁成灾的一个重要因素。亚洲小车蝗在3龄期防治经济阈值约为17头/m^2。若考虑到蝗虫的环境容纳量，防治指标稍大于经济阈值，约为21头/m^2。

（2）生物防治　绿僵菌（*Metarhizium anisopliae*）为蝗虫病原真菌，可在蝗虫种群中流行传播，实现多年持续控制。以亚洲小车蝗3龄蝗蝻为试虫，油剂处理后3d与野外网捕相同虫龄亚洲小车蝗混合饲养，试虫病健比值（单位：头）=10：50、20：40、30：30、40：20，结果显示：病虫可以将绿僵菌疾病传播给健虫，疾病传播概率可达24.6%、31.0%、39.0%和52.0%。与健康短星翅蝗、蝗蝻混合饲养，疾病传播概率分别可达15.6%、23.5%、32.7%和40.0%。野外圆心处理试验，结果表明：施药区外疾病感染率随时间的推移逐渐上升，处理后40d施药区外400m疾病感染率8个方向均值可达8.95%。不同方向疾病感染水平无显著差异，绿僵菌传播主要与草原蝗虫的活动、顺风风向显著相关。野外间隔施药试验结果表明：蝗虫移动扩散的习性可以将病原传播到未施药区域，距离30m、60m、120m间隔区域，药后49d校正虫口减退率分别达到

58.39%、63.41%、57.17%，因此30m、60m间隔施药方式在应用绿僵菌防治蝗虫中有一定应用价值。以2006年绿僵菌油剂处理区为基础，2007年调查411头蝗虫混合种群，39头感染绿僵菌，感染率9.49%；2008年调查532头蝗虫混合种群，8头感染绿僵菌，感染率1.5%。进一步利用绿僵菌M189菌株特异性SCAR标记技术，调查不同年份处理区绿僵菌土壤宿存能力，油剂处理区3年、4年、5年、6年后绿僵菌土壤检出率分别为6.36%、7.69%、9.15%、9.05%；饵剂处理区3年、4年、5年、6年后绿僵菌土壤检出率分别为17.78%、17.54%、16.13%、14.88%。

二、意大利蝗

意大利蝗［*Calliptamus italicus*（L.）］属直翅目斑腿蝗科星翅蝗属，是荒漠、半荒漠草原的重要害虫。

1. 分布与为害

意大利蝗具有很强的适应能力，广泛分布于欧洲大陆及中亚、东亚的一些国家。在我国主要分布在新疆、甘肃等地，青海和陕西的部分地区也有分布。由于意大利蝗分布广、数量大，因此严重影响农牧业生产的稳定发展。蝗虫对草场的为害，除取食与掉落毁损量造成牧草减产短期作用外，在严重为害时可使牧草不能进入开花结种阶段，抑制草地更新复壮，使草地长期难以恢复，在荒漠、半荒漠草原尤为明显。

2. 形态特征（图版4-17）

成虫：体型粗短。前胸背板中隆线较低，侧隆线明显，几乎平行，3条横沟均明显。前胸腹板在两前足基部之间具有近乎圆柱状的前胸腹板突。后足股节粗短，上隆线具有细齿，后足股节内侧玫瑰色或红色，常有2条不完全的黑色横纹，此横纹不到达后足股节内侧的底缘，后足胫节上侧和内侧红色。前、后翅均发达，前翅明显超过后足股节的顶端，后翅基部玫瑰色。

3. 生活史与习性

意大利蝗一年发生1代，以卵在土中越冬。在自然条件下，意大利蝗早中期卵（7月27日至8月16日所产卵）以滞育状态越冬，于翌年4月16日继续发育；晚期所产卵（8月28日至9月4日）尚未发育至胚胎第XII阶段，而自11月4日开始以胚胎第X阶段越冬，于翌年3月29日继续发育；在自然条件下，意大利蝗卵自1月21日部分卵体解除滞育，随着越冬时间的延长其解除滞育的卵体逐渐增多，3月29日卵体基本完全解除滞育。

一般年份，卵孵化最早出现在5月上旬，5月中下旬为孵化盛期，个别年份孵化末期可延迟至6月上、中旬。最早羽化期约在6月上旬，羽化盛期通常在6月中旬，产卵初期在6月下旬，盛期在7月上中旬，产卵末期可延迟到8月。蝗蝻一龄期为8～12天，二龄期为6~15d，三龄期为5~16d，四龄期为5~19d，五龄期为15.47d，六龄期为6.57d，成虫寿命雌性20~51d，平均35.5d，雄性33~54d，平均43.5d。每年5月初，孵化出土的蝗蝻群聚在一起，形成一个数千米长、200~300m宽的黑色条带，并有规律地朝着生长茂盛的农田或打草场推土式啃食、迁移。

意大利蝗卵巢发育分为5个主级（Ⅰ级、Ⅱ级、Ⅲ级、Ⅵ级、Ⅴ级），其中Ⅱ级细分为初期、末期2个亚级，Ⅲ级细分为初期、中期、后期、末期4个亚级。卵巢发育过程显示：卵巢长度前期增长平缓，中后期增长迅速，而卵巢宽度增长较为缓慢，卵巢面积呈幂指数增长。意大利蝗卵巢发育主要集中于中后期。白日（8：00—20：00），意大利蝗雌成虫自2日龄开始飞行，至6日龄（飞行时间18.22min，飞行距离231.01m，飞行速度12.59m/min，飞行百分比76.00%）飞行能力达最高，6~10日龄飞行能力逐渐降低；雄成虫2日龄的飞行能力最高，其飞行时间、飞行距离、飞行速度和飞行百分比分别为0.64min、13.34m、15.70m/min、40.00%，2~10日龄的飞行能力逐渐降低。不同等级卵巢与不同日龄的飞行能力的变化规律一致，其中Ⅱ级卵巢（6日龄）的飞行能力最高。意大利蝗成虫昼夜均有飞行，但飞行活动相对集中于白天的10：00和15：00—16：00，飞行日节律属于白日飞行。

产卵多在10：00—16：00，多选择在不十分坚硬、碎石较多的裸露地段。蝗蝻有聚集、趋光、晒体的习性，常随太阳光线照射的角度不同而改变其聚集的位置。意大利蝗体型较大、食量也大、繁殖力强，在海拔500~2 000m的各类草原都有发生。意大利蝗在高密度时具有明显的群居性和迁飞性，害虫成虫的迁飞距离可达200~300km。

4. 发生规律与环境关系

意大利蝗的发生和为害常与以下因素有关。

（1）温度、湿度　意大利蝗的有效积温是124.6℃，发育起点温度是15.52℃。意大利蝗产卵受地温影响，它们多集中在地温25~30℃产卵，其高峰期也多在27℃。日光照度也会影响意大利蝗的产卵，日光照度110 000lx时为产卵高峰。意大利蝗产卵集中时间在14：00—16：00，其高峰期在15：00。意大利蝗卵发育的适温范围为22~32℃，适宜土壤相对含水量范围在35%~55%；8月中旬所产蝗卵的孵化率最高；最适因素组合为恒温27℃，土壤相对含水量45%，8月中旬所产卵的温度（T_0）与蝗卵的历期（T）呈极显著线性负相关关系（$T=-5.612\ 8T_0+25.564$，$R^2=0.793\ 2$）；5%土壤相对含水量的历期显著低于土壤相对含水量15%~55%的历期；8月上、中旬所产卵的历期显著长于8月中旬所产卵的历期。蝗卵孵化率和孵化历期的最主要因素分别是土壤相对含水量和温度。

意大利蝗各虫态的过冷却点均符合正态分布；各虫态的过冷却点及冰点有所差异，其中卵的过冷却点及冰点最低，3龄过冷却点最高，其他各龄蝗及成虫雌雄之间过冷却点均无显著性差异。环境温度为41℃时，雌成虫和雄成虫的LT_{50}和LT_{90}均最长，分别为623.83h、1 604.98h和459.52h、1 181.97h；成虫的体温与环境温度均呈极显著的线性关系；当环境温度以0.5℃/min速率上升时，成虫的体温升高速率均呈线性关系；当环境温度以0.5℃/min速率上升时，成虫的体温升高速率在0.30 ~ 0.36℃/min，其中雄成虫体温升高速率（0.36℃/min）显著高于雌成虫（0.30℃/min）。

意大利蝗各发育历期与恒温（23 ~ 35℃）呈极显著负线性关系（$P<0.01$），26℃、29℃、32℃、35℃变温全世代发育历期分别为77.69d、48.54d、46.91d、37.39d、80.01d；单雌产卵量在32℃条件下显著最高（54.49粒），26℃下最低（41.33粒）；卵的孵化率、蝗蝻期和成虫产卵前期的存活率在32℃最高，分别为97.78%、86.19%和88.68%；23℃下最低，分别为95.60%、72.62%和0%；其在26 ~ 35℃恒温范围内意大利蝗种群净增值率R_0、内禀增长率r_m、种群趋势指数I和世代存活率S与温度t之间均呈抛物线关系，其中以32℃的卵孵化率（97.78%）、世代存活率（29.46%）、单雌产卵量（54.49粒）、生命参数（净值率R_0为8.38、内禀增长力r_m为0.044 5和周限增长率λ为1.002 0）均最高；且具有偏喜高温的生物学特性。26 ~ 35℃是意大利蝗种群生长发育繁殖的适宜温度，其中以32℃为最适温度，且23℃为不适宜温度。自然条件下，意大利蝗各发育阶段的死亡率由高到低分别为41.02%（卵）、32.00%（1龄蝗蝻）、18.18%（产卵前期）、8.33%（2龄蝗蝻）、5.71%（5龄蝗蝻）、5.67%（3龄蝗蝻）、3.35%（4龄蝗蝻）。意大利蝗自然种群的死亡集中于卵期、1龄蝗蝻期；自然种群的累计存活率为28.90%；意大利蝗雌成虫产卵1 ~ 5次，第1 ~ 5次的产卵量分别为38.94粒、39.73粒、36.43粒、32.33粒、41粒；自然种群的净值率R_0、内禀增长力r_m、周限增长率λ、种群倍增时间t_d、世代平均历期T分别为16.17、0.044 5、1.005、32.54、130.89。

（2）寄主植物　意大利蝗为害的植物种类有30余种，主要喜食菊科的多种蒿类、藜科和禾本科植物，冷蒿、针叶苔草、羊茅等为少食，冰草和芨芨草为偶食。意大利蝗若虫喜食冷蒿、针叶苔草；而成虫则喜食冷蒿、新疆鼠尾草黄花苜蓿。意大利蝗3龄、4龄、5龄、6龄若虫以及成虫日平均食量分别为14.27mg/头、18.77mg/头、20.80mg/头、27.65mg/头、29.26mg/头；在4头/m²、8头/m²、12头/m²、16头/m²密度下，笼罩产草量损失分别为5.66g/m²、16.45g/m²、26.78g/m²、26.41g/m²，模拟产草量损失分别为6.23g/m²、19.40g/m²、26.65g/m²、30.85g/m²。

5. 防治对策与防治方法

（1）生物防治　珍珠鸡灭蝗效果显著，是生物治蝗的一条有效途径。珍珠鸡在蝗虫密度为20.8头/m²的草场上放牧60d，周围200hm²的草场蝗虫密度能降至0.84头/m²，防治效果达96.0%，日平均防治面积为66.7m²/头。

（2）化学防治 化学药剂毒杀力强，见效快，能在短期内将害虫数量迅速压下去，制止大发生，而且使用起来比较方便，可以机械作业，是防治意大利蝗的重要手段和救急措施，适应用于暴发性、大面积发生年份，能及时有效控制蝗害。3种几丁质合成抑制剂氟虫脲、噻嗪酮和灭幼脲对意大利蝗卵和3龄蝗蝻进行药剂试验。结果显示：氟虫脲对意大利蝗药效最高，LC_{50}、LC_{90}分别为1.34mg/L、14.17mg/L。灭幼脲次之，LC_{50}、LC_{90}分别为2.09mg/L、45.22mg/L。灭幼脲和氟虫脲在50mg/L浓度处理14d后虫口减退率分别达到了87%和100%。噻嗪酮对意大利蝗的虫口减退率最低，50mg/L的噻嗪酮处理意大利蝗的虫口减退率还没达到50%。结果显示：灭幼脲与氟虫脲对意大利蝗蜕皮均有明显的抑制作用。2种昆虫生长调节剂苯氧威、氟虫脲浓度达到50mg/L对其几丁质酶的抑制作用超过200%。绿僵菌189菌株对意大利蝗几丁质酶活力也有一定程度的抑制，且抑制作用随着孢子浓度的增加而增大，当孢子浓度达到5×10^7时，意大利蝗几丁质酶的活力仅为3.8U。因此，昆虫生长调节剂和绿僵菌均抑制意大利蝗几丁质酶活力。

三、宽翅曲背蝗

宽翅曲背蝗〔*Pararcyptera microptera meridionalis*（Ikonnikov）〕属直翅目网翅蝗科网翅蝗亚科曲背蝗属。

1. 分布与为害

主要分布于中国的黑龙江、吉林、辽宁、内蒙古、甘肃、青海、河北、山西、陕西、山东等省区，在蒙古国和俄罗斯也有分布。宽翅曲背蝗取食造成植物断茎、秃尖、落叶、穿孔、缺刻等现象，严重影响牧草的生长及产量。

2. 形态特征（图版4-18）

宽翅曲背蝗体常褐色或黄褐色。头部背面有黑色"U"形纹。雄性体长23.3～28.0mm，前翅长16.0～20.0mm；头部较大，头顶宽短，三角形，中央略凹，侧缘和前线的隆线明显。头侧窝长方形，较凹，在顶端相隔较近。

3. 生活史及习性

宽翅曲背蝗，一般一年发生1代，以卵在土壤中越冬。在黑龙江省，越冬卵于翌年5月中旬开始孵化，5月下旬为孵化盛期，6月下旬至7月上旬羽化为成虫，并开始交配产卵。在内蒙古自治区西部，5月上旬开始孵化出土，中、下旬为盛期；6月中旬始见成虫，羽化盛期在6月下旬至7月上旬。6月下旬开始产卵，7月上、中旬为盛期。成虫活动可到8—9月。

宽翅曲背蝗主要选择植物中下部分，在0～10cm选择值为56.70%，10～20cm为40.70%，而20～30cm仅占2.6%。

4. 发生规律与环境关系

宽翅曲背蝗的发生和为害常与以下因素有关。

（1）温度、湿度　4月下旬至5月上旬降水量与蝗虫发生密切关系，该时期降水充足且集中，气温上升到10℃以上时利于蝗卵孵化；蝗蝻及成虫均喜温喜光喜干燥的环境条件，并常随阳光照射部位的转移而改变栖息场所。

（2）寄主植物　以为害禾本科牧草为主，同时也为害莎草科、豆科、十字花科等牧草，有时也侵入农田，喜食小麦、荞麦、莜麦等。

5. 防治对策与防治方法

（1）生物防治　在空气相对湿度大的地区可采用绿僵菌防治，利于孢子的生长及田间流行传播，作用期长，持续防控效果明显。在有牧鸡饲养基础、密度适于草原牧鸡治蝗的地区采用牧鸡、牧鸭防治，结合保护利用自然天敌，如百灵鸟、通缘步甲、蜥蜴、芫菁等，防治效果显著。

（2）化学防治　在大面积高密度发生，植被盖度低时，采用化学防治，压低草原蝗虫密度，减少灾害损失；在较大面积，高、中密度发生，植被盖度较高时，以化学防治为主，部分采用生物防治。

四、白纹雏蝗

白纹雏蝗［*Chorthippus albonemus*（Cheng et Tu）］属直翅目网翅蝗科雏蝗属。

1. 分布与为害

白纹雏蝗分布于我国宁夏、甘肃、青海、陕西、河南、新疆、内蒙古等地典型草原。

2. 形态特征（图版4-19）

体中小型，体色深褐色或草绿色。雌性个体比雄性大而粗壮。雄成虫体长12～15mm，前翅长7.5～10.0mm，后股节长7.1～10mm；雌成虫体长17.5～24.0mm，前翅长9.5～13.0mm，后股节长10.6～14mm。体褐色至深褐色，有的个体背部绿色。雄虫头大而短，较短于前胸背板。头顶锐角形，中部有一纵向棕黄色条带，条带两侧各有一油棕色斑点围成的弧形条带，斑点较雌虫密。颜面稍倾斜。触角细长，超过前胸背板后缘，中段一节的长为宽的1.3～2倍。复眼较小呈卵形，其纵径为眼下沟长度的1.5～1.8倍。前胸背板平坦，近长方形，后缘钝角形，中隆线明显，侧隆线亦明显，在中部凹入呈明显的黄白色"X"形纹，沿侧隆线具黑色纵带纹，并在沟前区呈钝角形凹入；后横沟位于背板中部，沟前区与沟后区几乎等长；前缘平直，后缘钝角形。中胸腹板侧叶间中隔较宽，其最狭处等于或略小于侧叶的最狭处。前翅发达，顶端几乎到达腹部末端；

缘前脉域及肘脉域常不具闰脉；中脉域的宽度几乎等于或略大于肘脉域的宽度。前翅中脉域具一列大黑斑，雌性前缘脉域具白色纵纹。后翅与前翅等长。后足腿节内侧基部具黑斜纹，其胫节黄或橙黄色。后足股节内侧下隆线具音齿122（±8）个。鼓膜孔呈狭缝状，其最狭处小于其长度的5.5~9倍。尾须短锥形，基部较宽。下生殖板馒头形，顶钝圆。阳具基背片及阳茎复合体。产卵瓣末端钩状。

卵囊大小为5.0mm×10.0mm，在卵囊中有17~23粒不等的卵粒，平均18粒卵，卵粒并列抱团；卵为长椭圆形，浅黄色，长轴长（3.83±0.05）mm，短轴长（1.04±0.06）mm。

若虫共5龄。1龄若虫，体长6mm，宽1mm，至5龄时体长19~21mm，宽4~6mm。

3. 生活史与习性

在宁夏，白纹雏蝗6月中下旬开始交尾产卵，交尾后1~3d内产卵。产卵深度1.5~2.0cm，卵囊中有17~23粒不等，有多次交尾、多次产卵特性。

4. 发生规律与环境关系

白纹雏蝗喜食长芒草和赖草，少食星毛委陵菜、阿尔泰狗娃花、达乌里胡枝子、稗草、冷蒿及猪毛蒿。

低温不利于白纹雏蝗发育，若虫在13℃下不能蜕皮发育，成虫在18℃下不能交配产卵。在18~33℃的温度范围内，白纹雏蝗1~5龄若虫的发育历期随着温度的升高而缩短。1龄、2龄、3龄、4龄、5龄若虫、产卵前期的发育起点温度分别为17.24℃、20.19℃、18.06℃、16.82℃、15.39℃、18.10℃，有效积温分别为94.12℃、45.87℃、68.24℃、94.74℃、89.71℃、169.71℃。

5. 防治对策与防治方法

在草原，白纹雏蝗为中期优势种，与其他种类混合发生，可采用菊酯类药剂或印楝素、绿僵菌生物制剂进行交替防治。

五、大垫尖翅蝗

大垫尖翅蝗［*Epacromius coerulipes*（Ivanov）］属直翅目蝗总科斑翅蝗科尖翅蝗属。

1. 分布与为害

分布于意大利、罗马尼亚、乌克兰和中国。在中国，主要分布于黑龙江、吉林、辽宁、河北、河南、内蒙古、新疆、宁夏、青海、陕西、山东、山西、安徽、甘肃、江苏等地。

它喜食禾本科、豆科、菊科、藜科、蓼科等牧草，是河、湖沿岸湿地及盐碱荒地的重要害虫，还为害小麦、玉米、高粱、谷子、豆类和苜蓿等。

2. 形态特征（图版4-20）

雄成虫体长14.5～18.5mm，雌成虫体长21～29mm。头短于前胸背板。头侧窝三角形，颜面隆起较宽。触角丝状。前胸背板中央常具红褐色或暗褐色纵纹，有的个体具有不明显"X"形纹。前翅发达，到达后足胫节中部。后足胫节匀称，长约为宽的4倍，且胫节顶端黑褐色，上侧中隆线和内侧下隆线间具3个黑色横斑。后足胫节淡黄色，基部、中部和端部各具1个黑褐色环纹。跗节爪间中垫较长，超过爪的中部。雄性成虫下生殖板短舌状，雌性产卵瓣粗短。卵囊略呈圆柱形，长16～25mm，宽4.1～5mm。每一卵囊含卵15～30粒。

3. 生活史与习性

大垫尖翅蝗在中国西北部、内蒙古、黑龙江、山西北部等地区一年发生1代；北京、山东渤海湾地区，小部分发生2代；山东西部及较南地区一年发生2代。均以卵在土中越冬。最早孵化出现在7月上旬，孵化盛期在7月下旬或8月初，孵化末期在8月中旬。一般成虫最早羽化期为7月下旬，羽化盛期在9月上、中旬；产卵期在8月初，盛期在9月中、下旬，产卵末期可延续到10月初。在发生2代地区，第一代于5月上旬孵化，5月下旬至6月上旬羽化为成虫，6月中、下旬交配产卵。第二代于7月上旬开始孵化，7月下旬至8月上旬羽化为成虫，9月交配产卵。

成虫在一天当中均能取食。常选择在植物覆盖度较低地段交配。雌虫喜在地势较高，避风向阳的凹地、沟边、渠边等处产卵。成虫善飞能跳，利于迁徙觅食和逃避天敌，易在土壤潮湿、地面反碱、植被稀疏的环境中发生为害。

4. 发生规律与环境关系

（1）温度　大垫尖翅蝗卵和蛹的发育起点温度和有效积温依次分别是（15.2±0.78）℃、275.6℃和17.79℃、202.5℃。在适温范围内，温度越高，蝗卵和蛹发育速度越快，生殖力越强。

（2）降水　降水量是影响大垫尖翅蝗发生的重要气候因素。尤其是7月降水量对第一代成虫产卵和第二代蝗蛹的孵化影响大。若7月干旱，则第二代发生面积大；反之，由于洼地积水，成虫被迫退至小面积高地产卵，则发生面积小。因此，温度偏高的干旱年份，发生严重。

（3）土壤盐分　虽然大垫尖翅蝗产卵对土壤含盐量的选择性不大，但土壤含盐量影响植物群落的组成，因而通过食料间接影响大垫尖翅蝗发生。

5. 防治对策与防治方法

大垫尖翅蝗的防治需以"预防为主，综合防治"的策略为指导，同时必须依据种群密度、发生环境的特点，因地因时确定防治时期、防治方法。

（1）化学防治　种群密度处于高密度、发生量大时，应及时采用化学农药防治，迅速压低蝗虫虫口密度。大面积防治可采用喷雾机或飞机超低容量喷雾。

（2）生物防治　卵期天敌主要有中国雏蜂虻、卵寄生蜂、豆芫菁幼虫。在土质松、植被稀的地带鸟类也能取食部分蝗卵。蝗蝻期和成虫期的天敌有蜘蛛、蚂蚁、螳螂、螽斯、蛙类和鸟类。

当蝗虫发生量较小时，可采用微生物及微生物源杀虫剂。如绿僵菌和白僵菌。亦可采用蝗虫微孢子虫进行防治。

（3）生态治理　养鸡养鸭灭蝗是首选的生态治理方法。同时，治理蝗虫滋生地，尤其是适宜产卵域的重点改造，也是生态治理大垫尖翅蝗的另一种有效办法。

六、短星翅蝗

短星翅蝗［*Calliptamus abbreviatus* Ikonn.］属直翅目斑腿蝗科星翅蝗亚科星翅蝗属。

1. 分布与为害

我国分布于内蒙古、黑龙江、吉林、辽宁、河北、北京、山西、陕西、宁夏、甘肃、青海、新疆、山东、江苏、安徽、浙江、湖北、湖南、江西、贵州、广东、广西；国外分布于苏联、蒙古、朝鲜。以变蒿、冷蒿、委陵菜等杂类草为食，也少量取食双齿葱、糙隐子草、大针茅、羊草，为害豆类（紫花苜蓿）、马铃薯、蔬菜、甜菜、瓜类等农作物。

2. 形态特征（图版4-21）

成虫：体中型，雌雄差异较大，雌性体长25.0～42.5mm，前翅长14～20mm；雄性体长12.5～21.0mm，前翅长8.0～12.5mm；体褐色或暗褐色，有的个体在前胸背板侧隆线及前翅臀域具黄褐色纵条纹。头大，略短于前胸背板。颜面近垂直，隆起宽平，具刻点，无纵沟，侧缘近平行。头顶圆，凹陷，无中隆线，后头具中隆线，无头侧窝。触角刚到达前胸背板后缘。

3. 生活史与习性

短星翅蝗一年发生1代，以卵在土中越冬，翌年5月中旬至6月中旬开始孵化，孵化期可延至7月上旬。蝗蝻，雌虫6个龄期，雄虫5个龄期。成虫7月中、下旬羽化，8月下旬进行交尾产卵，产卵末期延至10月底。短星翅蝗在山坡丘陵草地种群数量最大，属地栖性蝗虫，善跳跃不善飞，平时以爬行活动为主，不远迁，适宜生长发育的温度为20～28℃。尤其喜欢在有植物的地面活动，常与小车蝗等在山区混生。

4. 发生规律与环境关系

从温度和湿度条件来看，越冬蝗卵孵化出土变为蝗蝻，蝗蝻对雨水的要求比较间接，对温度变化仍很敏感，大部分1～3龄蝗蝻生长所需温度为2～19℃，最适温度为10～15℃，低于0℃，体液开始冻凝死亡。随着气候变暖，蝗蝻至成虫期最低温度升高，越来越接近蝗蝻发育的最适温度，气温小于2℃日数越少，地面最低温度达到0℃以下的日数也越少，蝗蝻遭遇致死温度的威胁减小，给蝗灾的发生又创造了一个有利的环境条件。从光照条件来看，蝗虫害怕阴暗潮湿的环境，喜欢生活在植被覆盖率在25%～50%的地区，在有丰富的食物，又有充足阳光环境里生活的蝗虫，生长发育快。

5. 防治技术

在草原蝗虫防治上要综合运用应急化学防治、生物防治、物理防治和生态控制等技术手段，突出生物防治，达到保护草原生态环境，可持续治理草原蝗虫的目的。

（1）化学防治　应急化学防治就是当草原蝗虫发生密度特别高，造成为害比较严重时，应用化学农药治蝗经济、快速、高效，特别是应用飞机和大型机械喷洒农药，速度快、效率高，对于治理大面积、高密度猖獗发生的蝗虫是必不可少的手段。

（2）生物防治　膜翅目的黑卵蜂和蜂虻类可寄生、捕食蝗卵，蚁类、马蜂可捕食蝗卵；双翅目的折麻蝇、盗蝇、污蝇类幼虫可寄生蝗蝻及成虫，网翅虻幼虫可寄生蝗蝻；鞘翅目芫菁类的幼虫可捕食蝗虫卵，虎甲、步甲可捕食蝗蝻或成虫，皮金龟可捕食蝗卵；直翅目的针蟋可捕食蝗卵；螳螂目昆虫可捕食蝗蝻及成虫；革翅目的蠼螋类可捕食蝗蝻。微生物中已知天敌有产碱假单胞菌、苏云金杆菌、蝗虫微孢子虫、白僵菌、绿僵菌等。

（3）生态控制　蝗虫防治的生态控制就是从生态的角度，通过控制蝗虫种群的密度来实现其在有关生态系统中的地位和作用。通过恢复草原植被，增加植被盖度，提高植物多样性和丰富度，减少蝗虫产卵的裸地，创造一个良好的生态环境，就能够有效抑制蝗虫的产卵和繁殖，从而抑制蝗灾的发生。

七、红胫戟纹蝗

红胫戟纹蝗［*Dociostaurus crassiusculus kraussi*（Ingenitskii）］属直翅目网翅蝗科戟纹蝗属，是重要草地害虫。

1. 分布与为害

红胫戟纹蝗在中国主要分布于新疆的塔城、和丰、和布克赛尔、托里、阿勒泰、布尔津、富蕴、伊宁、特克斯、青河、博乐、精河、沙湾、乌苏、玛纳斯、昌吉、米泉、木垒、哈密、巴里坤、伊吾等地。国外主要分布于欧洲部分地区，以及高加索、西伯利亚、哈萨克斯坦等地区。在新疆主要为害禾本科及莎草科牧草，在食性测定中发现嗜食角果藜。在山前荒漠、半荒漠草原农牧交错地带的小麦田被害严重。

2. 形态特征

雌成虫体长23.0～26.0mm，雄成虫体长16.0～20mm；体较粗短。头的背面光滑，无侧隆线，头侧窝宽短，梯形。前胸背板具有较宽的"X"状淡色条纹，在沟后区侧条纹的宽度约等于沟前区侧条纹宽度的2～4倍；后足股节较粗短，沿外侧下隆线处常有5～7个黑色小斑点；后足胫节红色。卵囊呈长筒形，中间略弯，一般长11.0～19.0mm，卵囊盖的两面呈内凹形，似小帽状，其内表面褐色平滑。卵囊内没有泡沫物质，含卵5～15粒，一般10～15粒。卵粒长4.0～5.0mm，呈土黄色，全部卵粒占卵囊的1/3～3/4。蝗蝻：雄性4龄，雌性5龄。

3. 生活史与习性

红胫戟纹蝗在新疆地区一年发生1代，以卵在土中越冬。其孵化及产卵随地点、环境及年份的不同有着较大的差异。一般年份最早孵化出现在4月中下旬或5月初，孵化盛期在5月上、中旬，孵化末期可到5月下旬。在一日中，以上午孵化量最多。

蝗蝻喜跳跃，大龄蝗蝻一次可跳跃80～100cm，无聚集习性。在一般晴天情况下，清晨与傍晚多栖息于植被草根附近；当距地表10cm的气温增高到18℃时，蝗蝻开始取食。当地面温度达到25～30℃时，蝗蝻普遍取食，当地面温度达到34℃时，则多数蝗蝻在草间爬行取食或静止，或连续跳跃。蝗蝻食性复杂，可取食伊犁蒿、冷蒿、苔草、针茅、羊茅、小麦、紫花苜蓿草、三棱草、角果藜等，嗜食角果藜。

成虫在一般情况下羽化5～7d后，即可进入交配盛期。交配后5～14d进行产卵。据观察，产一块卵约需1h以上，产卵后可当时或次日又与雄性成虫进行交配。雌性产卵期最长可达27d，一般15d左右。雌虫一般产1～4个卵囊，每个卵囊含卵5～15粒。

红胫戟纹蝗产卵多选择在土质比较坚硬板结、植被稀疏的荒漠草原，以及休闲麦地的田垄、田埂和路边的土壤中。

红胫戟纹蝗的天敌主要有寄蝇、食虫虻、步甲、虎甲、黑蚁、蜘蛛、粉红椋鸟（一只成鸟日食红胫戟纹蝗158头）、螨、线虫、黄绿绿僵菌（*Metarhizium. Flavoviride*）、蝗虫微孢子虫（*Nosema locustae*）、红胫戟纹蝗痘病毒［*Dociostaurus kraussi entomopox virus*（DkEPV）］等。红胫戟纹蝗痘病毒自然流行率可达23.3%。

八、黄胫小车蝗

黄胫小车蝗［*Oedaleus infernalis*］属直翅目斑翅蝗科小车蝗属，是牧草及作物的重要害虫。

1. 分布与为害

黄胫小车蝗在中国多个省（市、区）均有分布，主要在北方草原和农牧交错地带发生为害。韩国、蒙古、日本和俄罗斯等地亦有分布。黄胫小车蝗食性杂，在中国，已记载的主要寄主包括羊草、隐子草、针茅和冰草等禾本科牧草及玉米、麦类和谷子等农作物。黄胫小车蝗以成虫和若虫的咀嚼式口器为害寄主植物，常形成缺刻和孔洞等症状。严重发生时，将大面积植物的叶片吃光。

2. 形态特征（图版4-22）

雌成虫体长29～39mm，前翅长26.5～34mm；雄成虫体长23～27.5mm，前翅长22～26mm。头顶略圆，与前胸背板平行。触角丝状，到达或超过前胸背板的后缘。前胸背板"X"形淡色纹，在沟后区比沟前区宽。后翅黑褐色带纹较狭，常伸达到翅后缘。后足胫节红色。卵肉黄色，长4.6～6.0 mm，宽1.3～1.7mm，卵粒较直或略弯曲。

3. 生活史与习性

黄胫小车蝗在华北地区北部及东北地区一年发生1代，在华北地区南部发生2代。以滞育卵越冬。在不同寄主植物中，黄胫小车蝗偏好羊草、针茅、玉米等禾本科植物，且在第4龄蝗蝻及成虫期取食量显著增加。第一代成虫自6～16日龄开始达到性成熟，第二代成虫自7～11日龄开始达到性成熟。成虫有多次交配产卵的习性，多在8：00—10：00和14：00—16：00交配。成虫对产卵场所的植被、土壤理化性质、地形选择性强，多产于土质较坚实、微碱性、向阳、植被稀疏的土中。黄胫小车蝗产卵数量常因季节、食料而异，第一代单雌产卵100～355粒，第二代单雌产卵57～172粒，卵粒由副腺液粘连形成卵块。蝗蝻有5个龄期。

4. 发生规律与环境关系

（1）温度、湿度　越冬蝗卵的发育时期与纬度和海拔有关，南部早于北部，平原早于山区。早春气温低直接影响黄胫小车蝗出土。15℃以上，黄胫小车蝗的卵和蝗蝻开始发育，发育温度范围为22～42℃，其中，25～34℃最有利于生长发育，而42℃以上的高温对黄胫小车蝗生长发育不利。在蝗卵孵化盛期和羽化盛期，低温、多雨常导致黄胫小车蝗发育迟缓，死亡率增高，发生减轻。土壤湿度低于10%显著降低蝗虫孵化率。

（2）寄主植物　黄胫小车蝗羽化后就地取食牧草和早春作物，在农牧交错地带，后期迁移至玉米、谷子等农作物上为害。

（3）天敌 黄胫小车蝗卵期的天敌有芫菁、蜂虻等，蝗蝻期和成虫期的天敌有食虫虻、寄生蝇、泥蜂、蜥蜴等。线纹折麻蝇对后期的黄胫小车蝗寄生率较高。

（4）生境 黄胫小车蝗发生量与植被盖度关系密切。在农牧交错带，草场退化严重、黏土质土壤发生量多于沙质土壤；沟渠路边、荒沟坡杂草丛生处发生量多于农田。

5. 预测预报与综合防治方法

基于种群系统普查与区域普查的监测数据与气象信息，结合历史发生资料，综合分析做出发生期、发生面积与发生量预测。采用封育草场和草场改良的方法进行生态治理；利用绿僵菌、植物源农药和牧鸡进行生物防治；化学防治适期为3~4龄的蝗蝻盛期，常用药剂有啶虫脒、丁虫腈、毒死蜱、高效氯氰菊酯等。

九、毛足棒角蝗

毛足棒角蝗［*Dasyhippus barbipes*（Fischer-Waldheim）］属直翅目槌角蝗科棒角蝗属，是我国草原重要的优势蝗虫之一。

1. 分布与为害

分布于我国的黑龙江、吉林、内蒙古、宁夏、青海、甘肃（民乐、山丹）、陕西、新疆，以及蒙古、俄罗斯、朝鲜等地。在轻度退化的草原数量较大，发生期较早，主要为害禾本科、藜科等植物。

2. 形态特征（图版4-23）

体型较小，通常黄褐色，偶见黄绿色。体长13.4~21.0mm。头大而短，颜面倾斜，隆起上端较窄，下端较宽，纵沟较低凹。雄虫触角顶端明显膨大呈锤形，雌性触角端部膨大较小。复眼卵形，中隆线和侧隆线明显，侧隆线在沟前区明显弯曲，前胸背板前缘平直，后缘弧形，后横沟在背板中后部穿过。前胸腹板前缘略隆起。前翅发达，顶端到达后足股节的顶端，缘前脉域不达翅中部，前缘脉域较宽，约为亚前缘脉域的3倍。中脉域最宽处几乎等于肘脉域的最宽处。后翅略短于前翅。雄性前足胫节稍膨大，底侧具有细长绒毛，后足股节外侧上膝片顶端圆形，胫节顶端无外端刺。

3. 生活习性

一年发生1代，以卵在土壤中越冬，越冬卵4月底至5月初开始孵化，5月下旬大部分蝗蝻进入3~4龄，6月初开始羽化，中下旬大量羽化。7月初到7月中旬成虫交尾产卵。毛足棒角蝗取食以禾本科植物为主，主要取食羊草，对冰草、冷蒿、早熟禾、苔草、星毛委陵菜、乳白花黄芪等也比较喜食。

4. 发生规律与环境关系

毛足棒角蝗的发生与为害常与以下因素有关。

（1）气候条件 随温度的升高，产卵蝗虫的数量增加，产卵高峰与温度的最高值相吻合。地温对蝗虫产卵的影响比气温具有更重要更直接的作用。毛足棒角蝗高龄若虫到成虫的发育速度在中光照下（L12∶D12）最快。

（2）寄主植物 毛足棒角蝗取食以禾本科植物为主，主要分布在以羊草为主的草原。

（3）放牧强度 毛足棒角蝗对放牧活动呈正反应，与植物生物量、高度和土壤含水量呈正相关。

（4）围栏封育 毛足棒角蝗为早期发生种，为兼栖偏地型的禾草-杂草取食者。硬度大、含水量低的土壤有利于其产卵，围栏后植被生物量增加，裸地减少使毛足棒角蝗的产卵量下降，其丰富度降低。

5. 防治技术

可采用印楝素、烟碱、苦参碱等植物源农药或绿僵菌、白僵菌等真菌杀虫剂进行防治。

十、狭翅雏蝗

狭翅雏蝗［*Chorthippus dubius*（Zubovsky）］属直翅目网翅蝗科雏蝗属，为常见草地害虫。

1. 分布与为害

狭翅雏蝗分布在青海、甘肃、内蒙古、河北、东北、山西、陕西、四川等地区。主要发生在植被稀疏的禾本科草地上，覆盖度低于85%的莎草草场也有少量分布。对牧草的为害主要在高龄蝗蝻及成虫期。

2. 形态特征（图版4-24）

成虫：体黑褐色或黄褐色。前胸背板后横沟位于中部之后，侧隆线全长明显，角状弯曲。鼓膜孔呈狭缝状。后足股节内侧基部具黑色斜纹，胫节黄色或褐色。

雄性体长10.7～11.9mm，前翅长6.8～8.0mm，后足股节长7.0～7.9mm。前翅较短，远不到达后足股节的顶端，中脉域较宽，其宽度大于肘脉域宽度的1.5～2倍，近顶端较狭尖。后足股节内侧下隆线具音齿（105±3）个。

雌性体长11.7～15.0mm，前翅长5.7～7.1mm，后足股节长7.5～9.8mm。前翅较短，刚到达后足股节之中部，中脉域较狭，其最宽处相等于或略大于肘脉域最宽处。产卵瓣粗短，端部略呈钩状。

卵及卵囊：卵囊呈圆柱形，顶端略凹，中部较细，略有弯曲，长14.6～21.5mm，卵囊内泡沫状胶质部分为灰色，其长度较卵粒部分稍短。卵囊内有卵8～14粒，规则排列，卵粒大小为4.0mm×0.9mm。

若虫：蝗蝻多为4龄，少数5龄。1龄蝗蝻身体匀称，体长约5mm左右，头顶不向下方侧斜，前胸背板侧隆线后段不甚扩大，翅芽不明显。3龄蝗蝻翅芽向背部靠拢。4龄蝗蝻体长雄性为10mm，雌性为12mm，头侧窝长方形，前胸背板中隆线平直，侧隆线明显向内弯曲，身体腹面具稀疏的褐色斑纹。

3. 生活习性

（1）生活史　一年发生1代，以卵在1～3cm土中越冬。5月上旬开始孵化出土，孵化盛期约在6月中旬至下旬。2龄蝗蝻盛发于7月上旬到中旬，6月下旬到9月下旬是3～5龄高龄蝗蝻发生时期。7月下旬始见成虫，8月上、中旬为羽化期，9月上、中旬为产卵期。10月中旬以后成虫大量死亡，至11月上旬已基本无成虫活动。

（2）发育历期　1龄蝗蝻发育历期为（18.09±5.43）d，2龄（15.86±5.39）d，3龄（14.59±4.92）d，4龄（17.18±5.80）d，5龄（18.62±6.42）d。整个蝗蝻期（70.45±15.76）d，成虫寿命（42.36±13.46）d，从孵化出土到成虫死亡平均经历113d。

4. 发生规律与环境关系

（1）温度、湿度　全蝗蝻期发育起点温度为9.41℃，有效积温为175.44℃。在21～35℃范围内能发育到成虫，低于21℃或高于35℃时，蝗蝻在1龄时死亡。

在适温范围内（25～30℃），土壤含水率较低（10.0%）时卵的孵化率较高，当温度低于18℃和高于35℃时，孵化率为零。

（2）寄主植物　喜食植物有禾本科的碱茅、针茅、早熟禾、扁穗冰草、垂穗披碱草、赖草、狐茅，莎草科的苔草、蒿草，豆科的黄芪、苜蓿、三叶草、草木樨，菊科的蒲公英、紫菀、光沙蒿等。不喜食小麦苗，对玉米幼苗基本不取食。

（3）天敌　捕食性天敌有鸟类、蜘蛛、蜥蜴、蛙类等。寄生性天敌有飞蝗黑卵蜂、寄生螨及蝗虫微孢子虫等病原微生物。

5. 预测预报与综合防治方法

首先调查掌握各虫态发生数量和牧草被害情况等信息，根据各种类型草原蝗区的特点，参照历史监测资料，综合分析做出发生期、发生量预测。

然后因地制宜地采取各种综合措施，改变蝗虫发生的适宜环境。如草原灌溉与施肥、建立人工草地种植多年生牧草、补播优良品种牧草、划区轮牧合理利用草原，还可以保护天敌，招引鸟禽类、蜘蛛等捕食蝗虫，从而不利于其发生。而蝗虫高发期时可采用化学农药防治，目前常用制剂有40%乐果乳油、50%马拉硫磷乳油、5%稻丰散乳油、80%敌敌畏乳油十二油（1∶1）、25%乐果+混合醇、6.7%～10%敌敌畏乳油+13%～26%马拉硫磷+二线油等制剂。

第三节　草原毛虫

草原毛虫（*Gynaephora* spp.）是昆虫纲鳞翅目毒蛾科幼虫的统称。在西藏草原发生的主要种类是青海草原毛虫〔*Gynaephora ginghaiensis*（Ghou *et* Yin）〕，是青藏高原牧区的重要牧草害虫，别名红头黑毛虫、草原毒蛾。

1. 分布与为害

草原毛虫主要分布于西藏、青海、甘肃、四川等高寒牧区，主要在西藏的那曲中部（聂荣、那曲、安多、比如县）为害藏北嵩草（*Kobresia little dalei*）草地，造成牧草生长低矮，产草量降低（图版4-25）。严重时虫灾面积达16万hm^{2}以上，虫口密度约为10头/m^2。常年发生的聂荣县草原毛虫有逐步向邻近的色尼区、比如县、安多县辐射性扩散的趋势。

2. 形态特征（图版4-26至图版4-28）

雄成虫体长6.7～9.2mm，体黑色，背部有黄色短毛，翅两对，被黑褐色鳞片，复眼圆形黑褐色，触角羽毛状，有足三对，被黄褐色长毛，跗节5节，跗节端部黄色。

雌成虫体长圆形，较扁，体长8～14mm，宽5～9mm，头部甚小，黑色。复眼、口器退化，触角短小，棍棒状。三对足较短小，黑色，不能行走，仅能用身体蠕动。

卵散生，藏于雌虫茧内，呈偏球形，卵孔端稍平或微凹入。初产的卵乳白色，近孵化的卵颜色逐渐变暗。卵直径1.12～1.47mm。

幼虫雄性6龄，雌性7龄，初龄幼虫体长2.5mm左右，体乳黄色，12h后变成灰黑色，48h后为黑色，背中线两侧，明显可见毛瘤8排，毛瘤上丛生黄褐色长毛。老熟幼虫体长22mm左右，体黑色，密生黑色长毛，头部红色，腹部第六、七节的中背腺突起，呈鲜黄色或火红色。

蛹呈现两种形态。雄蛹椭圆形，长6.8～9.8mm，宽3.5～4.9mm，腹部末端尖细。蛹外具茧，茧长11.3～16.1mm，椭圆形，灰黑色，外观初看像羊粪。初羽化的蛹带嫩绿色，经1d后变为黄褐色，2d后呈黑色。雌蛹纺锤形，较雄蛹肥大，长9.6～12.5mm，宽4.3～6.9mm。全身比较光滑，深黑色，泛光泽。

3. 生活习性

草原毛虫幼虫是其生长发育的主要时期，也是为害草原牧草的重要阶段。草原毛虫有7个龄期，但雄虫提前1个龄期结束幼虫发育，随后结茧化蛹，辨别龄期的标准为头壳宽和发现的蜕皮现象。

1龄幼虫在前一年9—10月孵化，1龄幼虫取食茧毛，并在虫茧或枯草中聚集越冬，越冬幼虫在翌年4—5月牧草返青时随气温逐日上升开始活动，并少量取食返青嫩叶。各个龄期的幼虫均有群聚现象，为害范围较集中，点片状发生。6—7月为害最为严重。主要取食高原蒿草、西藏蒿草、小蒿草、矮蒿等高营养牧草。严重时虫口密度可达600头/m²以上。

4. 发生规律与环境关系

（1）气候因素　青藏高原昼夜温差大，有效积温低，一年仅发生1代，而且1龄幼虫有滞育特性，越冬阶段经冷冻刺激到下年4—5月才开始生长发育。

（2）寄主植物　西藏草原毛虫分布区域在海拔4 500m以上的亚高山草甸草地、垫状植被草地上。1龄幼虫出土时不取食，集中活动，到2龄时牧草返青，草原毛虫开始取食。主要取食高山蒿草等嫩枝叶。

（3）天敌　寄生于幼虫或蛹体内的天敌有寄蝇、姬蜂、蜘蛛等。取食幼虫的鸟类有角百灵、长嘴百灵、小云雀、大杜鹃等。寄蝇是主要天敌。

5. 预测预报

调查掌握各龄期及雌虫发生数量、动态和牧草为害情况，结合气象预测数据，综合分析发生趋势，预测草原毛虫发生期、发生量。同时做好越冬虫茧基数调查，幼虫越冬存活率和牧草返青期是预测发生为害的关键因素。

6. 防治对策与防治方法

（1）生物防治　①草原毛虫的天敌是其数量变动的因素之一，主要有鸟类、寄生蝇、寄生蜂等；②温度20℃时，V.B草原毛虫防治剂对3龄草原毛虫的防治效果达80%，能有效防治草原毛虫。

（2）化学防治　药物防治以3龄盛期最为适宜。因各地发生情况不同，一般在5月中旬、6月至7月上旬进行。①可选用90%敌百虫300～1 000倍液，进行人工喷雾；②用6%敌百虫粉剂，每亩1.5kg喷粉，效果在90%以上。

第四节　草地螟

草地螟（*Loxostege sticticalis*）属昆虫纲鳞翅目螟蛾科锥额野螟属，是常见的草类及作物害虫，又名黄绿条螟、甜菜网螟。

1. 分布与为害

草地螟分布于东亚、北美和东欧等地。在国外，分布于欧洲、亚洲大陆和北美洲的草原及接近草原的平原地带。在中国，主要分布在东经108°至东经118°斜向东北至北纬50°的地区，记载的寄主植物有35科300余种，主要为害藜科、菊科、锦葵科、禾本科、苋科等杂草，以及豆类、亚麻、向日葵、苜蓿、甜菜、蔬菜等，具有周期性暴发成灾的特点。

2. 形态特征（图版4-29和图版4-30）

成虫灰褐色至暗褐色，体长8~12mm，翅展12~28mm。蛹长8~15mm，黄色至黄褐色。茧长20~40mm，白色，上端开口以丝状物封盖。初孵幼虫体长仅1.2mm，淡黄色，后逐渐呈浅绿色。5龄老熟幼虫体长16~25mm，头部黑色且有白斑，全体灰绿或黑绿色。卵椭圆形，长0.8~1.2mm，宽0.4~0.5mm，卵面稍有突起，初产时乳白色，后渐变为浅黄褐色，近孵化时为黑色。

3. 生活史与习性

在北方地区，如青海（三江源）、内蒙古（呼伦贝尔、锡林郭勒）、河北（张家口坝上地区）为草地螟1~2代发生区，黑龙江、吉林大部地区、山西、河北北部和内蒙古西部地区为2~3代常发区，山西中部的平川各县、临汾西部的山区县，以及陕西延安东北部的山区为3代偶发区。

草地螟以老熟幼虫在土壤表层内结茧越冬。在1~2代发生区，越冬代成虫始见于5月中下旬，6月为盛发期，成虫羽化后经4~5d开始产卵，卵经4~d天孵化，幼虫于6月中旬至7月下旬为害，经13~21d入土结茧。少量幼虫于7月上旬至8月中旬化蛹，蛹期为13~14d，成虫羽化后5~8d开始产卵，卵经4~5d开始孵化，幼虫经17~25d入土结茧越冬。

草地螟成虫昼伏夜出，喜在潮湿低凹地活动，白天潜藏于杂草中下部，晚上在其间飞翔，常群集取食花蜜补充营养，在天气晴朗的傍晚，随气流远距离迁飞，对多种光源有很强的趋性。初孵幼虫和2龄幼虫仅在叶背取食叶肉，残留表皮，具吐丝下垂习性。3龄幼虫食量逐渐增大，可将叶肉全部食光，仅留叶脉和表皮，具结苞为害的习性。4~5龄为暴食期，占幼虫总食量的80%以上，有转主为害习性，大发生时可造成牧草和作物绝产。

4. 发生规律与环境关系

草地螟的发生和为害常与以下因素有关。

（1）温度、湿度　成虫产卵前期、卵、幼虫和蛹的发育起点温度为16.7℃、11.3℃、11.2℃和10.8℃，春季出现倒春寒会引起越冬幼虫和蛹的大量死亡。平均气温、降水量和相对湿度偏高的年份，有利于大发生。长期高温干旱，或发蛾盛期持续低温，不利于大发生。

（2）寄主植物　取食藜科等植物，幼虫发育快、个体大，蛹重高，成虫寿命长，产卵多。成虫期蜜源植物和水分丰富，成虫性成熟快，产卵量增加。

5. 预测预报与综合防治方法

基于种群监测数据与气象信息，参考历史发生资料，综合分析做出发生期与发生量预测。用黑光灯逐日诱蛾，有效蛾峰日+卵期+1龄期+2龄期即为幼虫防治适期。草地螟防治策略是"以药剂防治幼虫为主，结合除草灭卵，挖防虫沟或打药带阻隔幼虫迁移为害"。化学防治首选酰肼类和酰胺类杀虫剂，其次是大环内酯类和保幼激素类杀虫剂，如果发生量过大，可适当使用菊酯类杀虫剂。生物防治主要是通过保护、招引天敌和使用生物杀虫剂等措施。国外报道，草地螟的天敌有寄生蜂、寄生蝇及其他天敌70余种。我国发现有寄生蜂和寄生蝇各7种，以及白僵菌、细菌类、捕食性天敌等。秋翻、春耕和深覆土可促进越冬幼虫的死亡，杀虫剂种类更替以及使用量变化对草地螟种群发生也有明显影响。

第五节　叶甲类

一、沙蒿金叶甲

沙蒿金叶甲［*Chrysolina aeruginosa*（Faldermann）］属鞘翅目叶甲科金叶甲属，别名漠金叶甲、蒿金花虫。

1. 分布与为害

分布于北京、内蒙古、西藏、甘肃、宁夏、青海、河北、吉林、黑龙江、四川；朝鲜、俄罗斯（西伯利亚）等地。为害蒿属（*Artemisia* spp.）植物。

2. 形态特征（图版4-31）

体卵圆形，背面隆起，长5～8mm。翠绿色至紫黑色，具有金属光泽。触角黑褐色，线状，共11节，着生白色微毛，端半部各节较膨大，全长不及体半。前胸背板横宽，前缘边有深内凹，密列短白毛，背部密列细刻点，两侧近缘处刻点粗大纵列而不规则。鞘翅刻点有大小两种，大的纵列成行，小的散布其间，后缘内侧密生1列细白毛。后胸腹板突有边缘，缘内有刻点，腹部腹面有细刻点和白毛。足同体色而较暗，散生刻点和白毛，胫节端部及1～3跗节下面，密生黄褐色细毛。

3. 生活习性

寡食性，其分布、发生量与寄主的多寡有直接关系。在寄主单一、分布面积广而密集的情况下为害重，植被复杂、寄主稀疏、通风透光、植株健壮的情况下发生量较少，为害也轻。喜高温耐低温，夏季在42℃下，11月气温下降至-5℃时，仍能正常取食，部分成虫可在1月的-20℃低温下越冬。喜干燥，不耐潮湿。温度对沙蒿金叶甲各虫态的发育历期、存活率以及种群繁殖力有显著影响，低温影响沙蒿金叶甲卵的存活率，高温影响其蛹的存活率。耐饥饿，喜高攀，不善飞翔，迁移主要靠爬行，有假死性。

4. 发生规律

沙蒿金叶甲一年发生1代，主要以老熟幼虫在深层沙土中越冬，个别也以蛹或成虫越冬。越冬幼虫翌年4月化蛹，5月上旬羽化成虫。5月中旬平均气温达16.7℃时成虫大量出土，并爬到植株上为害。8月上旬开始交配产卵，交配多在早、晚进行，多次交配多次产卵，平均产卵量180粒。直到10月下旬，平均气温下降到7℃时产卵结束，8月上旬幼虫开始孵化，11月中旬老熟幼虫陆续入土越冬。

5. 防治技术

（1）物理防治　清除寄主沙蒿周边的画眉草、蒙古冰草、沙米草、沙蒿干枯枝等。

（2）天敌控制　保护蜥蜴等天敌，发挥自然控制作用。

（3）药剂治理　防治沙蒿金叶甲所用药剂及使用方法见表4-1。

表4-1　推荐药剂及使用方法

药剂类别	通用名	剂型和含量	有效成分使用量	使用方法	使用适期	安全间隔期
生物源药剂	斑蝥素	0.01%水剂	2.25g/hm²	超低量喷雾	成虫：5月中旬至6月中旬；幼虫：8月中下旬	—
	苦参碱	0.6%水剂	6.75g/hm²			
	印楝素	0.5%乳油	11.25g/hm²			
化学农药	毒死蜱	48%乳油	450g/hm²			15d
	高效氯氰菊酯	4.5%乳油	20.25g/hm²			

二、白茨粗角萤叶甲

白茨粗角萤叶甲［*Diorhabda rybakowi*（Weise）］属昆虫纲鞘翅目叶甲科萤叶甲属，又名白茨一条萤叶甲。

1. 分布与为害

白茨粗角萤叶甲分布于新疆、内蒙古、甘肃、青海、陕西等省区，是西北荒漠草原为害白茨的害虫。该虫为寡食性，以成虫、幼虫取食白茨的叶、幼芽、嫩枝及果实，造成缺刻、断叶、断梢、伤果等，发生严重时，可吃光整个叶片、嫩梢，造成白茨灌丛一片灰白，来年成片死亡。

2. 形态特征（图版4-32）

成虫：雄成虫体长5～8mm，宽2.5mm。深黄色，体被白色绒毛。头部后缘具"山"字形黑斑，触角、复眼、小盾片、腿节端部、胫节基部与端部、爪、跗节均黑褐色。前胸背板有一"小"字形黑斑，每个鞘翅中央有1条狭窄的黑色纵纹，中缝黑色，肩角明显。前胸背板和鞘翅上的刻点大小一致。雌成虫交配后腹部特别肥大，体长8～12mm，体宽4～6mm。小盾片黄色，腹部4节露在翅外，每节中央有1个黑色横斑，周围黄白色。卵粒：长圆形，长1mm，暗黄色。卵粒由黏液黏合为卵块，卵块盔状，长5～6mm，宽4～5mm，高2mm，表面灰白色。幼虫：老熟幼虫体黑色，瘤突、前胸背板、肛上片、腹面为黄色。体毛白色，前胸背板有4个黑斑，两侧的大，中间2个小。中、后胸有8个瘤突；腹部1～7节，每节有10个瘤突，前列4个，后列6个；第八节有8个瘤突。蛹：长圆形，长6～7mm，宽3mm，米黄色，气门环、刚毛基部黑色。背中线宽，深黄色，复眼棕色，上颚端部黑色。

3. 生活史及习性

白茨粗角萤叶甲1年发生2代，以成虫在沙土中越冬，翌年4月，气温达16℃时，越冬成虫出蛰活动。一年中有6个月处于越冬状态，6个月为取食、繁殖时期。成虫10月下旬潜入地下15～25m处越冬，一般多在白茨灌丛下沙丘的阳坡。越冬成虫出蛰后经1～3d的取食，即交配、产卵，雌虫多次交配，多次产卵，卵多产在白茨叶片正面或枝条上，每雌虫一生平均可产7个卵块，共含卵约640余粒。第一代卵期为13d，第二代卵期为9d。幼虫共3龄，1龄发育历期4d，2龄6～7d，3龄13～14d，全期23～25d。初孵幼虫即能取食，3龄幼虫不活泼，老熟后钻入土中，身体蜷曲呈"C"形，约4d后蜕皮化蛹。蛹期6～7d。白茨粗角萤叶甲食性单一，其发生与寄主植物的分布有着直接的关系，主要发生在适合白茨生长的低洼、平坦的沙漠边缘及盐湖盆地的盆壁地带，随白茨的分布多呈点、片、条带状发生。该虫喜高温，不耐潮湿。环境温度是决定其发生量的重要因子。据室内饲养观察，成虫在27～31℃下产卵量最多，幼虫发育速度快；温度低于17℃，则产卵极少。

4. 发生规律与环境关系

白茨粗角萤叶甲的发生与为害常与温度、湿度、寄主植物和天敌有关。据宁夏盐池5年的野外观察，4—5月适量降雨，气温逐渐上升，有利于白茨发芽生长，出蛰成虫食料充足，其产卵量大，第一代幼虫数量大，往往引起第二代成虫成灾为害。

天敌主要有卵寄生啮小蜂（*Tetrastichus* sp.），卵块寄生率为81%～100%，卵粒寄生率为72%～90%，发生期在5—8月；双钩姬蜂（*Cidaphus* sp.），寄生于叶甲幼虫期至蛹期，寄生率6%，发生在6—7月；美根寄蝇（*Meigenia* sp.）为幼虫至蛹期寄生，寄生率5%，发生在6—7月。还有沙蜥可取食叶甲成虫、幼虫，叶色草蛉的幼虫刺吸其初产卵粒的汁液。

5.预测预报与综合防治方法

基于种群监测数据与气象信息，结合参考历史发生资料，综合分析做出发生期与发生量预测。防治药剂和方法有下列几种：①2.5%敌百虫粉剂喷粉或90%敌百虫800倍液喷雾；②50%马拉硫磷乳油或40%乐果乳油1 000～1 500倍液；③50%辛硫磷乳油10倍液，每公顷用3.7L药液，超低容量喷雾；④2.5%溴氯菊酯乳油，每公顷用量30mL；⑤每公顷选用2.5%溴氰菊酯75mL、20%氰戊菊酯150mL或40%氧化乐果750mL进行超低容量喷雾，防治效果均在90%以上。

第六节　蛾类

一、白刺夜蛾

白刺夜蛾［*Leiometopon simyrides*（Staudinger）］属鳞翅目夜蛾科僧夜蛾属，又名僧夜蛾、白刺毛虫。

1.分布与为害

白刺夜蛾分布于内蒙古、宁夏、甘肃、新疆等省区的半荒漠地带，主要为害蒺藜科白刺属（*Nitraria* spp.）植物（图版4-33）。

2.形态特征（图版4-34至图版4-36）

成虫：体长12～14mm，展翅约34mm，淡黄褐色中型蛾子。触角丝状，略扁，基部和下面黄白色。头部前桃形，前端尖，土黄色，头顶白色，上生端部黑色基部白色的长鳞片和毛，下唇须灰褐色，端部伸向前方。胸部背面白色，散布灰色鳞片。前翅淡黄色，中室端纹黑褐色，其下方有1个狭长的白色纵斑，纵斑下方有1个黑褐色纵斑。内横线中部向外弯曲，外横线波浪锯齿状，后半段为2个白色条纹，缘线在脉间呈黑褐色长斑。缘毛白色，杂以暗灰色鳞片。后翅淡灰褐色，边缘为黑色长斑相连，缘毛白色，前后翅反面灰褐色。

3.生活史与习性

白刺夜蛾一年发生3代，以蛹在土中越冬。越冬蛹4月中旬开始羽化，5月中下旬为越冬代成虫羽化盛期。田间4月下旬出现第一代卵，第一代幼虫最早5月上旬出现，5月下旬至6月上旬为3龄幼虫盛期，7月上旬为第二代卵的产卵盛期，第二代幼虫盛期在7

月中下旬，8月上旬第三代幼虫孵出，10月上旬地面还有幼虫活动，但绝大多数幼虫在9月中下旬入土化蛹越冬。白刺夜蛾由于成虫产卵期拉得很长，世代发生不整齐，有世代重叠现象。

4. 发生规律与环境关系

（1）气候　制约白刺夜蛾数量变动的主要因子是6—8月的降水量。对1991—1997年间6—8月降水量和白刺夜蛾发生情况的调查结果表明，凡6—8月总降水量在100mm以上的年份，白刺夜蛾大发生；降水量30～50mm的年份，不造成明显为害。

（2）天敌　白刺夜蛾寄生性天敌有寄生蜂和寄生蝇。缨小蜂（*Stethynium* sp.）寄生于白刺夜蛾卵内，寄生率约11.24%。拍寄蝇（*Peteina* sp.）寄生于夜蛾蛹体内，越冬蛹寄生率最高为28.41%，其他世代蛹的寄生率为14.2%。捕食性天敌有蜘蛛类、蜥蜴类、捕食性昆虫和鸟类。

5. 预测预报与防治方法

预测预报详见甘肃省地方标准《白刺夜蛾预测预报技术规范》（DB62/T 1830—2009）。白刺夜蛾的经济允许损失水平为12.5%，防治指标为39.7头/m²。其防治策略是着力防除第一代幼虫，防治适期为第一代幼虫3龄前。

（1）化学防治　适宜防治白刺夜蛾的药剂种类较多，如菊酯类农药（溴氰菊酯、高效氯氰菊酯、三氟氯氰菊酯、氰戊菊酯等）、有机磷类（辛硫磷、马拉硫磷等）、氨基甲酸酯类（灭多威等）。因此，白刺夜蛾化学防治的关键在于确切掌握第一代幼虫的发生时期。

（2）物理防治　白刺夜蛾成虫有着明显的趋光性，生产上可以利用频振式杀虫灯进行诱杀，从而有效降低成虫种群密度及后代发生数量。

二、沙打旺小食心虫

1. 分布与为害

沙打旺小食心虫［*Grapholitha shadawana* Liu et Chen，sp. Nov］属鳞翅目卷蛾科小食心虫亚族小食心虫属。国内主要分布于内蒙古、吉林、辽宁、河北、山东、山西、宁夏等地。以幼虫蛀茎取食为害，幼虫期长达300d，对沙打旺的生长发育造成严重影响。20世纪90年代初在内蒙古赤峰地区蔓延成灾，造成沙打旺大面积减产。

2. 形态特征

成虫体长5mm左右；翅展13～14mm。雌蛾和雄蛾体型相近。头部黄白色、棕黄色或灰褐色，密生竖鳞。触角褐色、丝状，略长过翅长的1/2。下唇须淡黄色，紧贴头部，向上举，第二节略膨大，末节细小而尖，但不超过头顶。翅肩片及胸部背面灰色，鳞毛长。腹部灰黑色。雄蛾腹部末端尖细，多白色毛丛。雌蛾腹部粗，末端膨大，密布黑色鳞毛，是本种明显特征之一。雄性外生殖器背兜发达，上面具有1个突起，两侧各有一刚毛群。爪形突、尾突和颚形突均退化。抱器瓣腹面有深凹陷，形成明显的长卵圆形抱器端，里面沿腹缘和端部密生数列刚毛。阳茎与抱器端长短差不多，基部占2/3粗，端部占1/3细。阳茎针多枚，排列呈两行。雌性外生殖器产卵瓣大，延长；前表皮突长过后表皮突；交配孔周围骨化呈漏斗形，其深度小于宽度；囊导管短；交配囊梨形；囊突无。

3. 生活习性

卵多产于高壮沙打旺植株的叶片表面。幼虫孵化后在叶腋处或枝条上蛀茎，在茎秆髓部生长并上下活动取食为害，7月下旬前90%的幼虫在距根茎10～15cm以上的茎秆内活动，到8月下旬陆续向根茎处活动准备越冬。越冬前在距地面10cm的茎秆上蛀一个小孔作为羽化时成虫的出茎孔，蛀孔后分泌一种物质在孔下缘形成一膜，将髓孔堵住开始越冬。翌年4月中旬平均气温10℃、相对湿度38%时开始化蛹，5月上旬为化蛹盛期。幼虫历期300～320d。蛹一般在5月中旬开始羽化，羽化高峰期为6月上旬至6月中旬，蛹期65～75d。成虫历期55～65d。

4. 发生规律

沙打旺小食心虫寄主与为害具专一性，一年发生1代，其幼虫在茎秆内蛀食其髓为害，在根茎内越冬。总体上，虫口数量随着草地年龄的增加而增加，在7龄时达到高峰，此后随着草地的衰退而急剧下降。在甘肃地区同一年份的不同生长季节，6月开始为害。在草地上8月的百枝虫量显著高于6月。

5. 防治技术

（1）农业防治　沙打旺属多年生牧草，刈割青贮和调制青干草是其主要利用方式，因此调整刈割时间可有效降低沙打旺小食心虫种群数量。

（2）生物防治　利用有利于天敌繁衍的耕作栽培措施，保护利用天敌昆虫来控制沙打旺小食心虫幼虫种群。

（3）物理防治　沙打旺小食心虫成虫有着明显的趋光性，生产上可以利用频振式杀虫灯进行诱杀，从而有效降低成虫种群密度及后代发生数量。

（4）化学防治　目前主要采用32%灭害神乳油防治沙打旺小食心虫，由于其羽化期较长，重复施药会导致牧草污染和防治成本提高，因此建议采用农业防治为主、化学防治为辅的综合防控措施。

第七节　蚜虫类

为害牧草较重的蚜虫有苜蓿斑蚜〔*Therioaphis trifolii*（Monell）〕、豌豆蚜〔*Acyrthosiphon pisum*（Harris）〕、苜蓿无网蚜〔*Acyrthosiphon kondoi* Shinji〕、豆蚜〔*Aphis craccivora* Koch〕4种。均属昆虫纲，其中，苜蓿斑蚜属斑蚜科彩斑蚜属；豌豆蚜和苜蓿无网蚜属蚜科无网长管蚜属；豆蚜属蚜科蚜属。

1. 分布与为害

苜蓿斑蚜分布于宁夏、新疆、甘肃、青海、北京、吉林、辽宁、山西、山东、河北、云南、福建等地，为害苜蓿；豌豆蚜几乎全国及世界各地均有分布，为害香豌豆、豌豆、蚕豆、苜蓿、草木樨、红豆草、大豆等豆科植物，有绿色和红色两种色型；苜蓿无网蚜分布于宁夏、新疆、北京、河北、内蒙古、山西、河南、浙江、西藏、甘肃等地，为害苜蓿；豆蚜几乎全国及世界各地均有分布，为害豇豆、扁豆、菜豆、花生、蚕豆、豌豆、大豆、苜蓿、甘蔗等。

2. 形态特征（图版4-37至图版4-40）

（1）苜蓿斑蚜　有翅蚜，体长卵形，长1.8mm，淡黄白色，体毛粗长，有褐色毛基斑。背部有6排或多于6排的黑色斑；无翅蚜，体长2.1mm，有明显褐色毛基斑，至少成6列。

（2）豌豆蚜　有翅蚜，体长3mm，触角淡黄色，第三节细长，上生感觉孔8～19个，排成1行，前翅淡黄色，翅痣绿色；无翅蚜，体长4.9mm，额瘤显著外倾，额槽窄，呈"U"字形，触角第三节有短毛38～40根，有小圆形次生感觉圈3～5个，排成1行；均有红色型和绿色型。

（3）苜蓿无网蚜　有翅蚜，体长2.6～3.0mm，头、胸黑褐色，前胸有1对淡色节间斑，触角第三节有次生感觉圈6～11个；无翅孤雌蚜，体长3.7mm，表皮粗糙有明显双环形网纹，触角第三节有短毛22～26根，小圆形次生感觉圈3～12个。

（4）豆蚜　有翅蚜，体长1.5～2.0mm，全身紫黑色，触角基部2节及端节黑色，余为黄色，第三节生感觉孔6个，排成1行，翅痣黄色，翅腹淡灰色；无翅蚜，成虫体长1.8～2.0mm，黑色或紫黑色，有光泽，体披蜡粉。触角6节，第一节至二节、第五节至六节黑色，其余部分黄白色。

3. 生活史与生活习性

（1）苜蓿斑蚜　在北方一年发生数代，以卵越冬。在4月上旬苜蓿返青时，苜蓿斑蚜卵孵化，若虫开始活动，5月上旬苜蓿分枝期蚜量增加，6月上旬为害最盛，一般集中在下部叶片，7月上旬苜蓿进入结荚期，田间出现大量有翅蚜向外迁飞。

（2）豌豆蚜及苜蓿无网蚜 一年发生10多代，北方以卵在多年生豆科牧草和作物根茎部越冬，4月产生大量无翅胎生雌蚜进行繁殖和为害，虫口密度大时产生有翅胎生雌虫，迁飞到豆科植物上胎生繁殖。

（3）豆蚜 在长江流域一年发生20代以上，冬季以成蚜、若蚜在蚕豆、苜蓿等豆科植物心叶或叶背处越冬，华东地区一年发生10多代，若蚜在寄主叶背越冬，对黄色有较强的趋性，对银灰色有忌避习性，有较强的迁飞和扩散能力。

4. 发生规律

在田间通常4种苜蓿蚜虫混合发生，早春寄主田内的苜蓿蚜虫数量大小与二代发生量大小有密切关系，苜蓿蚜虫在苜蓿地中越冬。温度和降水量是影响蚜虫繁殖和活动的重要因素。寄主植物和温度是影响豌豆蚜的生长发育及繁殖的重要因素，耐高温能力较差。

5. 防治技术

（1）监测预报 影响苜蓿斑蚜发生的关键因子为降水量、瓢虫密度、苜蓿斑蚜基数。

（2）防治指标 灌溉地和旱地苜蓿斑蚜的防治指标分别为1 680头/百枝条和2 080头/百枝条。

（3）农业防治 提前或及时刈割可有效压低苜蓿斑蚜虫口数量。

（4）药剂防治 选用1%苦参碱可溶性液剂1 500倍液、5%吡虫啉乳油2 000倍液。

（5）抗蚜品种 室内和田间分别运用模糊识别法和蚜量比值法对不同苜蓿品种的抗蚜性进行鉴定。

（6）天敌控制作用 保护瓢虫、食蚜蝇、草蛉、捕食蝽、蚜茧蜂等天敌，发挥自然控制作用。

第八节　蓟马类

一、花蓟马

1. 分布与为害

花蓟马（*Frankliniella intonsa* Trybom）属昆虫纲缨翅目蓟马科花蓟马属，又名葱蓟马、棉蓟马。国外分布于日本、朝鲜。在中国，各省、市、自治区均有分布。

2. 形态特征

成虫体长1.3 ~ 1.5mm，雌虫褐色，头、前胸常黄褐色，雄虫全体黄色。触角8节，第三节至第五节基部黄褐色，其余各节暗褐色。前胸背板前角外侧各有长鬃1根，后角有2根。前翅上脉鬃19～22根，下脉鬃14～16根。若虫共4龄，橘黄色，4龄若虫为伪蛹，褐色。卵背面观呈鸡蛋形，头端有卵帽。

3. 生活习性（图版4-41）

花蓟马为多食性害虫，可为害多种农作物、蔬菜和花卉植物，主要包括辣椒、棉花、紫云英、苜蓿、苕子、豌豆、豇豆、蚕豆、花生等。趋花性强，各种植物花均可受害。在花内子房周围最多，为害花器，损害繁殖器官；花冠受害后出现横条或点状斑纹，严重时花冠变形、萎蔫或干枯；叶部受害处常出现银灰色的条斑，严重时枯焦萎缩，引起落叶，影响长势。

4. 发生规律

在中国南方一年发生11～14代，在中国北方一年发生6～8代，10月下旬、11月上旬以成虫在枯枝落叶层、土壤表皮层中越冬，在温室内冬季可继续为害。日平均气温达10.2℃以上时，越冬成虫开始活动。成虫行动活泼，怕光，对花有强烈趋性，以清晨和傍晚取食活动最强烈，阴天隐藏在叶背面。成虫寿命春季为35d左右，夏季为20～28d，秋季为40～73d。产卵历期长达20～50d，卵产于花子房组织中，每雌产卵77～248粒。世代重叠严重。夏季高温少雨发生重。雨水的机械冲刷和浸泡对蓟马有较大的杀伤作用。

5. 防治技术

及时进行秋耕和冬灌，结合清除田间及四周杂草，有利于减少虫源。在发生期，合理布局作物，避免与其适宜寄主邻作或轮作。田间设置蓝色粘虫板可诱杀大量烟蓟马。化学防治可选用吡虫啉、啶虫脒、马拉硫磷、高效氯氰菊酯等药剂进行喷雾。

二、牛角花齿蓟马

1. 分布与为害

牛角花齿蓟马［Odontothrip loti（Haliday）］属昆虫纲缨翅目蓟马科齿蓟马属。国外主要分布于日本、蒙古、美国及欧洲各国。在中国，主要分布在甘肃、内蒙古、宁夏、河北、山西、河南、陕西等地。

2. 形态特征

成虫体长1.3～1.6mm，暗黑色。触角8节。触角第3节，足各跗节以及前足胫节黄色。前足粗，前胫内缘端部有1～2个小齿。跗节2节，前跗节端节内缘有1个或2个节结。前翅有黄色和淡黑色斑纹。前翅基部1/4部分为黄色，中部为淡黑色，端部淡黄色。雄虫较雌虫小。若虫共4龄，淡黄色，3龄和4龄若虫不取食，为伪蛹。卵肾形，长

0.2mm，宽0.1mm，淡黄色。

3. 生活习性

寄主植物主要为豆科的苜蓿、黄花草木樨、车轴草属等植物。牛角花齿蓟马主要为害嫩叶、顶芽和花。嫩叶锉吸被害后呈现斑点以至枯死；生长点被害后发黄、凋萎，导致顶芽不能继续生长和开花；花期被害后，导致花粉捣散，柱头破坏，造成落花落荚，引起种子皱缩，对牧草产量构成严重威胁。

4. 发生规律

牛角花齿蓟马在内蒙古一年发生5代，10月中旬气温下降至7℃以下，以伪蛹在5~10cm土层中越冬。4月中旬气温在8℃以上成虫羽化开始活动，有趋嫩习性。雌虫在花穗轴、花蕾及未展开的心叶组织内产卵，若虫在嫩叶及花内生活。成虫寿命6~12d，卵期7~8d，若虫期10~30d。发育繁殖的最适条件为气温20~25℃，相对湿度60%~70%。温暖干旱季节有利于牛角花齿蓟马大发生。高温多雨对其发生不利，雨水的机械冲刷和浸泡对其有较大的杀伤作用。

5. 防治技术

及时进行秋耕和冬灌，结合清除田间及四周杂草，有利于减少虫源。在发生期，合理布局作物，避免其适宜寄主邻作或轮作。田间设置蓝色粘虫板可诱杀大量蓟马。化学防治可选用吡虫啉、抗蚜威、辛硫磷、啶虫脒等药剂进行喷雾，有良好防治效果。

培育和选用抗虫品种是防治牛角花齿蓟马的一条重要途径。植株叶色深绿、叶片宽厚、表面茸毛紧密、质硬而粗短品质对牛角花齿蓟马有较高的抗虫性。刈割、翻耕、春灌、除去杂草、破坏越冬场所能有效降低虫口密度。也可在6月初第二代卵孵化盛期进行化学防治，常用药剂有吡虫啉、啶虫脒、马拉硫磷、高效氯氰菊酯等。施药期间隔7d，连续用药2~3次。

三、烟蓟马

1. 分布与为害

烟蓟马［*Thrips tabaci* Lindeman］属昆虫纲缨翅目蓟马科蓟马属，又名葱蓟马、棉蓟马。国内外广泛分布。在中国，主要分布在西北地区的新疆和甘肃等地。

2. 形态特征（图版4-42）

成虫体长1.0~1.3mm，淡黄色。触角丝状7节，淡褐色。前胸稍长于头，后角有2对长鬃。前翅前脉有上脉鬃4~6根，下脉鬃14~17根。腹部2~8腹节背片前缘有两侧略细的棕色横带。雌虫腹末着生一向下弯曲的锯状产卵器。雄虫罕见。若虫4龄，淡黄色，触角6节，无翅；胸腹各节有细微褐点，点上生有粗毛。卵肾形，乳白色，长0.3mm。

3. 生活习性

寄主植物达上百种，主要包括葱、棉花、烟草、苜蓿、马铃薯、蒜、韭菜、瓜类、甜菜、苹果、草莓、十字花科蔬菜等。烟蓟马成虫和若虫在叶背和植物的心叶、嫩芽锉吸汁液，使叶片出现灰白色的细斑点或枯死，嫩芽和心叶生长受阻，不能正常伸展，严重时导致畸形，甚至落花、落果，对产量影响很大。同时是番茄斑萎病毒传播的媒介昆虫。

4. 发生规律

烟蓟马在东北地区1年3～4代，山东、河南6～10代，华南地区20代以上。以若虫或成虫在寄主枯枝落叶、树皮缝、土缝、土块下越冬。日平均气温达10℃以上时，越冬虫开始活动。成虫活泼，善飞，怕光，白天潜伏在叶背，早晚或阴天叶片的正反面均可见。有趋嫩习性，对白色和蓝色有强烈趋性。田间雄虫罕见。雌成虫寿命8～10d，营孤雌生殖，卵产于叶背表皮下，每雌最多产100粒卵。卵期5～7d，初孵若虫群集在叶脉两侧取食，2龄若虫在土中化蛹。5～7d后羽化出土。

烟蓟马耐低温能力较强，不耐高温，在多雨季节种群密度显著下降。干旱有利于烟蓟马的发生，沙质土壤和较黏质土壤发生为害重。在25℃以下，相对湿度低于60%时发生数量最多，气温27℃以上、湿度高于60%对其发生有抑制。

5. 防治技术

及时进行秋耕和冬灌，结合清除田间及四周杂草，有利于减少虫源。在发生期，合理布局作物，避免与其适宜寄主邻作或轮作。田间设置蓝色粘虫板可诱杀大量烟蓟马。化学防治可选用吡虫啉、啶虫脒、马拉硫磷、高效氯氰菊酯等药剂进行喷雾。

第九节　芫菁类

芫菁类害虫主要有中华豆芫菁［*Epicauta chinensis*（Laporte）］、绿芫菁［*Lytta caraganae*（Pallas）］、苹斑芫菁［*Mylabris calida*（Pallas）］和蒙古斑芫菁［*Mylabris mongolica*（Dokhturoff）］4种。均属昆虫纲芫菁科，其中，中华豆芫菁，属豆芫菁属（*Epicauta* Red.）；绿芫菁，属绿芫菁属（*Lytta* Fabricius）；苹斑芫菁和蒙古斑芫菁，均属斑芫菁属（*Mylabris* Fabricius）。

1. 分布与为害

中华豆芫菁主要分布于河北、北京、黑龙江、吉林、天津、内蒙古、新疆、宁夏等省区，为害紫穗槐、槐树、豆类、甜菜、苜蓿、玉米、马铃薯等；绿芫菁主要分布于宁夏、北京、河北、山西、内蒙古、辽宁、吉林、黑龙江、上海、江苏等地，为害豆类、苜蓿、黄芪、柠条、槐树、水曲柳、花生等；苹斑芫菁分布于宁夏、北京、河北、山西、内蒙古、辽宁、吉林、黑龙江、江苏等地，为害豆科及苹果、苜蓿、瓜类、胡枝子、桔梗等；蒙古斑芫菁分布于河北、承德、内蒙古、河南、陕西、甘肃、宁夏等地，为害菊科植物。

2. 形态特征（图版4-43至图版4-46）

（1）中华豆芫菁　体长10.0～23.0mm，宽3.0～5.0mm，头横阔，两侧向后变宽，后角圆，后缘直，额中央具一长圆形小红斑，两侧后头，唇基前缘和上唇端部中央，下颚须各节基部和触角基节一侧均为红色，其余部位为黑色，触角11节，雄性触角栉齿状，雌性触角丝状，鞘翅侧缘、端缘和中缝，以及体腹面除后胸和腹部中央外均被灰白毛。

（2）绿芫菁　体长11.5～17mm，宽3～5.5mm，体金属绿或蓝绿色，鞘翅具铜色或铜红色光泽。头部刻点稀疏，额中央有1个橙红色小斑。雄虫前足、中足第一跗节基部细，腹面凹入，端部膨大，呈马蹄形；中足腿节基部腹面有1根尖齿。雌虫无上述特征。

（3）苹斑芫菁　体长11～23mm。头、前胸和足黑色。鞘翅淡棕色，具黑斑。头密布刻点，中央有2个红色小圆斑。触角短棒状。前胸盘区中央和后缘之前各有1个圆凹。鞘翅具细皱纹，基部疏布有黑长毛，在基部约1/4处有1对黑圆斑，中部和端部1/4处各有1个横斑，有时端部横斑分裂为2个斑。

（4）蒙古斑芫菁　体黑色，头胸部密布黑色长毛，触角端部膨大近棒状。中胸前侧片前缘无沟，偶具窄槽，前胸背板无完整中线。身体及鞘翅黑色部分显具金属光泽。鞘翅底色通常两端红棕，中央黄白，黑缘斑方形且细窄。前足腿节腹面端部无横软毛，跗爪背叶下侧光滑无齿。

3. 生活习性

芫菁类昆虫均将卵产于土中。群集与迁徙，是芫菁一般的成群活动；自卫，当受到惊扰或侵袭时，芫菁会从口中或腿节末端释放黄色黏液或排泄粪便，内含斑蝥素，人体皮肤接触后会引起灼痛，并引发水泡，所以英文称芫菁科昆虫为 "Blister Beetle"（发泡虫）；假死性，芫菁科昆虫有不同程度的假死性，当其受到外界惊扰或侵袭时，四肢马上蜷缩，抱于腹下，掉下叶片；趋性，芫菁喜欢弱光环境；捕食蝗卵的作用，芫菁幼虫为捕食性，生活于土中，以蝗虫卵等为食物。

4. 发生规律

（1）中华豆芜菁 一年发生1～2代，以5龄幼虫（象甲型、假蛹）越冬，翌年春天发育为6龄（蛴螬型），继而化蛹。一代区于6月中旬化蛹，6月下旬至8月中旬为成虫发生与为害期；二代区成虫于5—6月间出现。

（2）绿芜菁 一年发生1代，以假蛹在土中越冬。翌年蜕皮化蛹，5—9月为成虫为害期。

（3）苹斑芜菁 一年发生1代，以卵越冬。翌年4月下旬至5月下旬陆续孵化，多分布在海拔600～700m丘陵及平原地区。成虫主要食害叶片和花瓣。

（4）蒙古斑芜菁 一年发生1代，以幼虫越冬，化蛹后于7月末至8月初进入羽化阶段。

5. 防治技术

（1）农业防治 合理安排茬口避免在蝗虫常栖居活动区域种植芜菁喜食的作物；秋季深翻被害作物附近弃耕地、休闲地等，清除杂草，可消灭越冬幼虫，同时消灭蝗虫；秋收后深翻豆田，利用冬季低温杀灭部分幼虫；根据成虫群集为害习性，可在清晨用网捕捉成虫，集中杀灭；发生严重地区，收获后及时耕翻灭虫。

（2）化学防治 可选用辛硫磷乳油、氰戊菊酯、杀虫双、马拉硫磷、敌百虫防治芜菁。

第十节 盲蝽类

巨膜长蝽［*Jakovleffia setulosa*（Jakovlev）］属昆虫纲半翅目尖长蝽科巨膜长蝽属。

1. 分布与为害

主要分布于宁夏、甘肃、内蒙古、新疆等地荒漠草原，为害白茎盐生草（*Halogeton arachnoideus* Moq）、猪毛蒿（*Artemisia scoparia*）、猪毛菜（*Salsola collina* Pall）、骆驼蓬（*Peganum harmala*）、红砂（*Reaumuria soongorica*）、珍珠（*Salsola passerina*）、禾本科等植物。

2. 形态特征（图版4-47）

成虫体长2.7～3.0mm，长圆形，黄褐色，前翅革质。触角4节，第二节最长，约等于第三节和第四节之和，基部淡色，末端黑褐色。头胸、小盾片及腹面密覆白色鳞毛。前胸背板侧缘中略缢缩，胝区暗褐色，前区革质而隆起，淡黄褐色，4条纵脉呈棱状突起，各脉上有黑色条点，脉间散布淡灰褐色斑纹；内侧2脉于近末端处汇合。前翅爪片狭尖，几乎与末端平齐，革片形状与爪片相似，表面及后缘均列有白色鳞毛。雌虫腹面

119

淡黄色，雄虫为黑褐色。

3. 生活习性

巨膜长蝽栖居于草丛下和土缝中，最适宜活动的地面温度范围是10~25℃，在4月下旬至5月上旬产卵盛期成虫有短距离迁飞的习性；具有滞育现象，以成虫于6月中下旬至8月下旬进入滞育状态；卵散产于寄主种子颖壳内、枝梗上、土缝中、石块下；在11月下旬至翌年4月上旬大量的成虫聚集在石头下的小土坑中、土表皮下的洞穴中或土缝中进入越冬，每个越冬的洞穴约有500头以上的成虫，越冬成活率为10%~15%；食性杂，群居为害，食物缺乏情况下，迁移至周边农田作物上为害，如西瓜、玉米、枸杞等，尤其是在干旱条件下，通常以群集方式吸食作物茎秆，致使作物短期内（48h）失水枯萎死亡，迁移性较强，分布不均匀。

4. 发生规律

巨膜长蝽一年发生2代，以成虫在土缝中、石块下越冬，翌年4月初随着气温的升高越冬成虫开始活动，越冬成虫产卵从4月上旬持续到5月下旬，一代若虫持续到6月上旬，卵、若虫、越冬成虫和一代成虫，世代重叠。6月中旬至8月中旬以成虫进入滞育状态，8月下旬至9月上旬成虫开始交尾产卵，10月中下旬达到第二个发生高峰期，卵、若虫和成虫，各虫态重叠，到10月下旬一代成虫结束，11月下旬以二代成虫越冬。

5. 防治技术

（1）保护草原生态平衡　巨膜长蝽在自然生态环境中种群数量小，种群结构处在相对稳定的状态，对寄主不构成为害。但在新开垦压砂地田边和周边的种群数量是自然条件下的9倍，占绝对优势，逐步向农田转移为害，自然生态的改变使草原昆虫成为农田害虫。因此，保护草原生态平衡是预防巨膜长蝽的根本途径。

（2）农业防治　不同种植方式对压砂西瓜地巨膜长蝽的为害影响较大，研究发现覆膜、扣碗（在瓜苗上扣透明塑料碗）方式的巨膜长蝽为害率很低，这两种方式不仅对压砂西瓜起到了很好的抗旱保墒作用，还阻隔了害虫的为害。

（3）化学防治　压砂西瓜可选用3%啶虫脒乳油2 500倍液、3%阿维菌素乳油2 500倍液喷雾，药后7d防效达到85%以上；草原防治可选用5%氯氰菊酯乳油800~1 500倍液、45%马拉硫磷乳油800~2 000倍液喷雾，均有良好的防治效果。

【本章结语】

在充分掌握害虫的生物学特性基础上，应针对不同害虫种类建立草原害虫的监测预警体系和绿色防控技术体系，实现草原害虫的绿色可持续治理。

主要参考文献

安瑞军, 梁怀宇, 2010. 扎鲁特旗蝗虫种类及发生规律研究[J]. 内蒙古民族大学学报(自然汉文版), 25(1): 66-67.

宝柱, 1999. 呼伦贝尔草地蝗虫的发生与防治[J]. 草原与草业(1): 13.

贝纳新, 王小奇, 方红, 等, 2002. 辽宁蝗虫[M]. 北京: 中国农业科学技术出版社.

车晋滇, 杨建国, 2005. 北方习见蝗虫彩色图谱[M]. 北京: 中国农业出版社.

陈阿兰, 2003. 雏蝗属四种雌雄性发音器的比较研究(直翅目: 网翅蝗科)[J]. 青海师范大学学报(自然科学版) (1): 72-74.

陈秀霞, 陈冲, 2004. 辽宁省草地蝗虫发生、为害及防治[J]. 现代畜牧兽医(9): 18-19.

陈永林, 刘举鹏, 黄春梅, 等, 1980. 新疆蝗虫及其防治[M]. 乌鲁木齐: 新疆人民出版社.

范福来, 2011. 新疆蝗虫灾害治理[M]. 乌鲁木齐: 新疆科学技术出版社.

冯晓东, 2007. 近年我国东亚飞蝗发生特点及原因分析[J]. 中国植保导刊, 27(10): 34-35.

甘肃省蝗虫调查协作组, 1985. 甘肃蝗虫图志: 第二部分 分类记述 蝗总科 Acridoidea [M]. 兰州: 甘肃人民出版社.

高兆宁, 1999. 宁夏农业昆虫图志(第三集)[M]. 北京: 中国农业出版社.

韩晓玲, 2014. 亚洲飞蝗发生规律研究初探[J]. 新疆畜牧业(3): 61-63.

何嘉, 高立原, 张蓉, 等, 2014. 巨膜长蝽的形态特征和生物学特性[J]. 应用昆虫学报, 51(2): 534-539.

何嘉, 高立原, 张蓉, 等, 2014. 温度对巨膜长蝽的生长发育和繁殖的影响[J]. 昆虫学报, 57(8): 935-942.

何潭, 王保海, 1990. 西藏蝗虫的发生与防治[J]. 西南农业学报, 3(3): 72-81.

贺春贵, 2004. 苜蓿病虫草鼠害防治[M]. 北京: 中国农业出版社.

贺达汉, 田畴, 1990. 不同温度和温周期下白茨粗角萤叶甲的实验生命表[J]. 昆虫学报, 33(4): 437-443.

贺达汉, 田畴, 金桂兰, 等, 1989. 白茨一条萤叶甲自然种群动态的生物学参数及模拟模型[J]. 宁夏大学学报 (农业科学版)(1): 37-42.

贺达汉, 田畴, 李华, 等, 1989. 恒温与变温对白茨一条萤叶甲(Diorhabda rybakowi Weise)发育的影响[J]. 西北农林科技大学学报(自然科学版)(1): 94-99.

贺达汉, 田畴, 金桂兰, 1990. 白茨粗角萤叶甲自然种群生命表及转移矩阵模型的研究[J]. 宁夏农学院学报 (1): 24-31.

贺达汉, 田畴, 马长青, 等, 1991. 模糊数学在草原害虫药剂防治效果评判中的应用研究[J]. 植物保护学报, 18(4): 363-369.

贺达汉, 田畴, 马武, 等, 1991. 白茨粗角萤叶甲天敌作用力的评估[J]. 中国草地(4): 73-78.

黄冲, 刘万才, 2016. 近10年我国飞蝗发生特点分析与监控建议[J]. 中国植保导刊, 36(12): 49-54.

金永玲, 2016. 大垫尖翅蝗抗药性检测及其对丁烯氟虫腈代谢抗性机理研究[D]. 沈阳: 沈阳农业大学.

景康康, 师尚礼, 胡桂馨, 等, 2013. 牛角花齿蓟马为害后苜蓿不同器官中氮、磷、钾和钙含量的变化[J]. 昆虫学报, 56(4): 385-391.

李进跃, 田畴, 1988. 白茨一条萤叶甲的空间格局及序贯抽样技术的初步研究[J]. 宁夏大学学报(农业科学版)(2): 73-78.

李庆, 封传红, 张敏, 等, 2007. 西藏飞蝗的生物学特性[J]. 昆虫知识, 44(2): 210-213.

李亚林, 2010. 河北的芫菁资源及中华豆芫菁的生物学特性与虫体利用[D]. 保定: 河北大学: 1-73.

李尧, 张娜, 2017. 亚洲小车蝗的多尺度分布格局[J]. 中国科学院大学学报, 34(3): 329-341.

刘长仲, 王刚, 2003. 高山草原狭翅雏蝗的生物学特性及种群空间分布[J]. 应用生态学报(14): 1729-1731.

卢辉, 余鸣, 张礼生, 等, 2005. 不同龄期及密度亚洲小车蝗取食对牧草产量的影响[J]. 植物保护, 31(4): 55-58.

罗礼智, 2004. 我国2004年一代草地螟将暴发成灾[J]. 植物保护, 30(3): 86-88.

罗礼智, 黄绍哲, 江幸福, 等, 2009. 我国2008年草地螟大发生特征及成因分析[J]. 植物保护, 35(1): 27-33.

马建华, 魏淑花, 张洪英, 等, 2016. 宁夏主栽苜蓿品种(品系)对豌豆蚜的抗性评价[J]. 草业学报, 25(6): 190-197.

马建华, 朱猛蒙, 张蓉, 2008. 苜蓿斑蚜的生物药剂筛选试验及对其天敌的安全性[J]. 农药, 47(8): 614-616.

农业部畜牧业司, 全国畜牧总站, 2010. 草原植保实用技术手册[M]. 北京: 中国农业出版社.

沈静, 2015. 内蒙古亚洲小车蝗潜在发生可能性评价[D]. 北京: 中国科学院大学.

苏红田, 白松, 姚勇, 2007. 近几年西藏飞蝗的发生与分布[J]. 草业科学, 27(1): 78-80.

陶志杰, 花蕾, 贾志宽, 等, 2005. 苜蓿蓟马的发生规律和药剂防治试验[J]. 干旱地区农业研究, 23(4): 212-214.

田畴, 贺达汉, 马小国, 1988. 白茨一条萤叶甲发育起点和有效积温常数的研究[J]. 昆虫知识(5): 32-34.

田畴, 贺达汉, 赵立群, 1990. 荒漠草原新害虫: 白茨粗角萤叶甲生物学及防治的研究[J]. 昆虫知识(2): 102-104.

田方文, 蔡建义, 赵春秀, 等, 2004. 紫花苜蓿田大垫尖翅蝗发生规律的研究[J]. 草业科学, 21(10): 51-53.

田方文, 李金枝, 吴忠辉, 等, 2009. 鲁北大垫尖翅蝗的发生与环境因素关系的初步探讨[J]. 安徽农业科学, 37(32): 15895-15896.

田方文, 李振国, 2009. 鲁北黄胫小车蝗生物学特性及发生规律的初步观察[J]. 中国植保导刊, 29(1): 34-36.

王翠玲, 姚小波, 覃荣, 等, 2008. 西藏飞蝗的发生规律与综合防治技术探讨[J]. 西藏农业科技, 30(2): 34-40.

王俊彪, 汪志智, 央德扎西, 等, 2002. 西藏聂荣县草原毛虫分布为害综合调查研究[J]. 西藏科技(4): 29-35.

王小珊, 杨成霖, 王森山, 等, 2014. 牛角花齿蓟马为害后苜蓿叶酚类物质和木质素含量的变化[J]. 应用生态学报, 25(6): 1688-1692.

王新谱, 杨贵军, 2010. 宁夏贺兰山昆虫[M]. 银川: 黄河出版传媒集团宁夏人民出版社.

伟军, 2009. 内蒙古呼伦贝尔草地蝗虫种类组成区系及生态分布的研究[D]. 呼和浩特: 内蒙古师范大学.

魏淑花, 张宇, 张蓉, 等, 2014. 白纹雏蝗生物学与生态学特性研究[J]. 应用昆虫学报, 51(6): 1633-1640.

魏淑花, 朱猛蒙, 张蓉, 等, 2013. 沙蒿金叶甲形态特征及生物学特性[J]. 宁夏农林科技, 54(4): 58-59.

魏淑花, 朱猛蒙, 张蓉, 等, 2013. 温度对沙蒿金叶甲生长发育和繁殖的影响[J]. 昆虫学报, 56(9): 1004-1009.

魏学红, 2004. 西藏草原毛虫的发生及防治对策[J]. 草原与草坪(2): 56-57.

魏学红, 减建成, 马少军, 等, 2009. 西藏那曲地区草原毛虫发生为害情况调查及药剂防治试验[J]. 中国植保导刊(11): 27-28.

乌麻尔别克, 张泉, 乔璋, 等, 2000. 红胫戟纹蝗损害牧草及其防治指标的评定[J]. 草地学报, 8(2): 120-125.

乌麻尔别克, 张泉, 乔璋, 等, 2001. 意大利蝗造成牧草损失研究及防治指标的评定[J]. 新疆农业科学, 38(6): 328-331.

吴福桢, 高兆宁, 郭予元, 1982. 宁夏农业昆虫图志(第二集)[M]. 银川: 宁夏人民出版社.

吴惠惠, 徐云虎, 曹广春, 等, 2012. 典型草原三种蝗虫种群竞争关系的研究[J]. 植物保护, 38(6): 35-39.

吴惠惠, 徐云虎, 曹广春, 等, 2012. 内蒙古典型草原草地类型对蝗虫群落优势种群的生态效应[J]. 中国农业科学, 45(20): 4178-4186.

吴永敷, 李秀娴, 1990. 为害苜蓿的蓟马生活史及活动规律的初步研究[J]. 中国草地(4): 38-41.

薛智平, 张泉, 牙森·沙力, 等, 2010. 意大利蝗取食特性及损失估计研究[J]. 植物保护, 36(1): 95-98.

牙森·沙力, 2011. 西藏飞蝗发生规律的分析[J]. 草地学报, 19(2): 347-350.

杨定, 张泽华, 2013. 中国草原害虫图鉴[M]. 北京: 中国农业科学技术出版社.

杨芳, 张蓉, 贺达汉, 2005. 苜蓿斑蚜为害苜蓿的产量损失及防治指标的研究[J]. 四川草原(1): 23-24.

杨玉霞, 2007. 中国豆芫菁属Epicauta分类研究(鞘翅目: 芫菁科)[D]. 保定: 河北大学.

杨玉霞, 任国栋, 2007. 中国斑芫菁后翅形态比较[D]. 昆虫学报, 50(4): 429-434.

叶家栋, 陈永康, 1965. 宽翅曲背蝗的调查初报[J]. 昆虫知识(2): 44-46.

于思勤, 孙元峰, 1993. 河南农业昆虫志[M]. 北京: 中国农业科技出版社.

张广学, 1983. 中国经济昆虫志 第二十五册 同翅目 蚜虫类(一)[M]. 北京: 科学出版社.

张李香, 范锦胜, 王贵强, 2010. 中国国内草地螟研究进展[J]. 中国农学通报, 26(1): 215-218.

张靓, 宋丽梅, 王广君, 等, 2016. 蝗虫微孢子虫和绿僵菌不同配方饵剂对短星翅蝗和宽须蚁蝗的室内生测研究[J]. 草地学报, 24(1): 171–177.

张蓉, 马建华, 杨芳, 等, 2003. 宁夏苜蓿害虫天敌种类及其田间发生规律的初步研究[J]. 草业科学(7): 60–62.

张蓉, 魏淑花, 高立原, 等, 2014. 宁夏草原昆虫原色图鉴[M]. 北京: 中国农业科学技术出版社.

张晓燕, 师尚礼, 李小龙, 等, 2016. 不同施钾水平对苜蓿营养物质及抗蓟马性的影响[J]. 昆虫学报, 59(8): 846–853.

张泽华, 高松, 张刚应, 等, 2000. 应用绿僵菌油剂防治内蒙古草原蝗虫的效果[J]. 中国生物防治, 16(2): 49–52.

郑哲民, 1993. 蝗虫分类学[M]. 西安: 陕西师范大学出版社: 305–323.

郑哲民, 1998. 中国动物志　昆虫纲　第十卷　直翅目　蝗总科: 斑翅蝗科　网翅蝗科[M]. 北京: 科学出版社.

郑哲民, 夏凯龄, 等, 1998. 中国动物志[M]. 北京: 科学出版社.

中国农业科学院植物保护研究所, 中国植物保护学会, 2015. 中国农作物病虫害[M]. 3版. 北京: 中国农业出版社.

朱恩林, 李玉川, 1993. 北方农区土蝗化学防治技术[J]. 植保技术与推广(2): 13–14.

朱继德, 田方文, 孙福来, 2006. 大垫尖翅蝗产卵习性研究[J]. 植物保护, 32(4): 116–117.

朱猛蒙, 孙玉荣, 张蓉, 2011. 基于GIS的苜蓿斑蚜区域化预测预报技术初步研究[J]. 草业学报, 20(2): 163–169.

Tu X B, Fan Y L, Ji M S, *et al.*, 2016. Improving a method for evaluating alfalfa cultivar resistance to thrips[J]. Journal of Integrative Agriculture, 15(3): 600–607.

草原蝗虫调查规范
（NY/T 1578—2007）

1 范围

本标准适用的草原蝗虫主要种类有亚洲小车蝗、白边痂蝗、鼓翅皱膝蝗、宽须蚁蝗、毛足棒角蝗、宽翅曲背蝗、狭翅雏蝗、大垫尖翅蝗、意大利蝗、西伯利亚蝗、红胫戟纹蝗、亚洲飞蝗、西藏飞蝗等。

本标准规定了草原蝗虫虫情及蝗区环境情况调查的方法。

本标准适用于草原蝗虫的调查工作。

2 规范性引用文件

下列文件中的条款通过本标准的引用而成为本标准的条款。凡是注日期的引用文件，其随后所有的修改单（不包括勘误的内容）或修订版均不适用于本标准，然而，鼓励根据本标准达成协议的各方研究是否可使用这些文件的最新版本。凡是不注日期的引用文件，其最新版本适用于本标准。

GB/T 2260中华人民共和国行政区划代码

NY/T 1233—2006草原资源与生态监测技术规程

3 术语和定义

下列术语和定义适用于本标准。

3.1 草原 grassland

本标准所称草原，是指天然草原和人工草地。天然草原包括草地、草山和草坡，人工草地包括改良草地和退耕还草地，不包括城镇草地。

3.2　草原蝗虫 grassland locust and grasshopper

在草原上发生、分布的直翅目蝗总科和蚱总科昆虫的总称。

3.3　防治指标 controlling threshold

为蝗虫种群密度值，当蝗虫种群密度达到此值时应采取防治措施时，以防止为害损失超过经济允许损失水平。

3.4　宜生区 suitable area

适宜于某种草原蝗虫生长发育的区域。

3.5　常发区 regular area

蝗虫虫口密度在10年内有3年以上（含3年）达到防治指标，防治后3~5年仍能达到防治指标的区域。

3.6　偶发区 occasional area

蝗虫虫口密度在10年内有1~2年达到防治指标的区域。

3.7　核心区 key area

蝗虫集中孳生繁殖的区域。

3.8　扩散区 dispersal area

蝗虫因发育、取食、繁殖或环境改变等迁入的区域。

3.9　为害 damage

蝗虫种群密度超过防治指标。

3.10　严重为害 serious damage

蝗虫种群密度达到防治指标2倍（含2倍）以上。

3.11　观测样地 sampling plot

为系统监测蝗虫在某一地区的生物学及生态学规律而设立的长期调查的样区，能够代表该地区的蝗虫发生情况、自然环境条件、草地生产力水平和平均利用水平。

3.12　区域普查 regional survey

为了解某一区域蝗虫整体发生情况而沿设定线路进行的多点调查。

4 发生区域划分

4.1 发生区域的具体划分方法见附录A。

4.2 根据自然地理、蝗虫种群分布特征并结合行政区划等因素划定每种主要蝗虫的宜生区域。以蝗虫历史发生状况为基础划分常发区和偶发区。

4.3 以蝗虫发生和扩散情况，划分核心区与扩散区；根据发生与防治情况标明为害区、严重为害区和历史防治区。

5 系统调查

5.1 样地设立

系统调查观测样地应设在蝗虫的常发区，可反映该区域的环境特征和草地平均利用水平，可通过气象台站或自测获得气象数据资料。观测样地面积不小于100hm²。

样地设立时要求填写观测样地登记表，见附录B中表B.13，样地设立后位置不得随意变更，每次调查时要求填写调查观测样系统地调查记录表，见附录B中表B.14。

5.2 抽样方法

采取分层随机抽样或序贯抽样方法。蝗蝻期、成虫期总取样点数不少于9个，样点间直线距离大于100m，每样点3次重复。卵期调查不少于5个样点，可不设重复样方；依据产卵地特征选择调查地点，根据卵块的数量可适当增加取样样点。

根据害虫种类和观察内容的需要，可采用样方取样法、扫网取样法等进行调查，参见附录C标准调查工具和标准调查方法。

5.3 卵期调查

5.3.1 调查方法

春季从土壤解冻时开始在样地内调查蝗卵。每间隔5天挖一次卵，共查3次，每次至少挖取5个卵块，检查时需将卵块剖成卵粒。蝗虫产卵地的识别参见附录D草原蝗虫产卵地特征。

5.3.2 调查内容

5.3.2.1 越冬蝗卵死亡率

将卵块进行逐粒观察，挑出死卵，分析死亡原因并计算越冬死亡率，记入蝗卵死亡率调查记载表，见附录B中表B.1。

5.3.2.2 越冬蝗卵发育进度

在越冬蝗卵死亡率调查的同时，将得到的卵块放于一容器（底部可漏水）中，覆上细土，埋在样地土层中，深度参照产卵深度，一般5~10cm。每隔2天从中随机取15粒卵，用10%漂白粉溶液浸泡2~3min，待卵壳溶薄后取出，清水洗净，用光源透视检查卵的胚胎发育情况，根据表1蝗卵胚胎发育进度分期标准表，分出各卵粒的发育期，记入蝗卵胚胎发育进度调查表，见附录C中表C.2。

表1　蝗卵胚胎发育进度分期标准表

发育期	形态特征
原头期	胚胎尚未发育，破壳后，用肉眼不易在卵浆中找到胚胎
胚转期	胚胎开始发育，破壳后，用肉眼可以看到有一个小芝麻大小的白色胚胎
显节期	胚胎已形成，个体较大，几乎充满整个卵壳、眼点、腹部及足很明显，后两者已分节
胚熟期	胚胎发育完成，体呈红褐色至褐色，待孵化

5.4　蝗蝻期调查

5.4.1　出土期

在胚胎发育进度调查的基础上，推算蝗蝻出土期，提前3～5天到蝗虫产卵集中的避风向阳坡地，每天调查一次，查到第一头蝗蝻出土时，为蝗虫出土始期。

5.4.2　龄期

自蝗蝻出土始期3天后，进行系统调查。至少抽取5个代表性样点，每点扫网调查100网，总捕获数不应少于100头；每3天调查一次直至羽化盛期结束。根据蝗蝻各龄期主要特征，调查统计各龄期数量和所占百分比，记入蝗蝻龄比调查记载表，见附录C中表C.3。

5.5　成虫的调查

5.5.1　调查时间

自蝗蝻羽化盛期后5天开始，在查龄期的样地进行系统调查。

5.5.2　调查方法和内容

成虫每5天调查一次。随机网捕成虫100头，检查统计雌雄比及产卵率，记入蝗虫成虫雌雄比及产卵情况调查记载表，见附录C中表C.4；用样框随机调查9次，数据应记入成虫发生情况调查记载表，见附录C中表C.5。

6　区域普查

6.1　确定调查线路

在蝗虫发生地区域划分的基础上进行调查线路规划，线路应穿越调查区内所有主要的地貌单元和草原类型。如生物分布垂直变化明显，按垂直分布方向设置调查线路。

每年至少进行4次调查：越冬后卵期、孵化盛期、2～3龄蝗蝻盛期、成虫产卵盛期各调查1次。每次调查时要求填写区域普查样点记录表，见附录C中表C.15。

6.2　抽样方法

6.2.1　样地设置原则

样地应避开人类活动影响的区域。可根据蝗虫种类、种群密度、草原类型变化情况确定抽样区层和样地间距离，样地间距离不大于10km。对于垂直分布型区域，样地随垂直分布带宽度设置，每一垂直分布带可至少视为一个样地。每个样地至少调查3个样点，每样点3次重复。

6.2.2 取样数量标准

在调查害虫密度时，每一单独宜生区总的取样数应遵循表2区域普查取样数量表规定的标准。

表2　区域普查取样数量表

宜生区面积S（×10³ hm²）	取样数量（个）
S≤3	≥10
3<S≤7	≥15
7<S≤13	≥20
13<S≤33	≥30
33<S≤66	≥50
>66	≥60

6.3　卵期调查

6.3.1　调查方法

在蝗卵孵化前调查1次，可不设样方重复。一般发生年份只需在上一年残蝗分布区域内调查，在发生严重的年份或成虫有远距离迁飞习性的蝗虫，应扩大调查面积，其目的是预测当年的发生面积和发生程度。蝗虫产卵地的识别方法可参见附录D。

6.3.2　调查内容

调查方法同5.3的要求，调查数据记入蝗卵死亡率调查记载表，见附录B中表B.1，汇总数据记入蝗卵发生情况汇总表，见附录B中表B.6。

6.4　蝗蝻期调查

6.4.1　调查时间

在蝗蝻出土盛期和2~3龄期各进行1次调查。

6.4.2　调查内容

按6.2的要求确定取样数量和调查方法，调查蝗蝻发生面积及密度，将调查结果记入蝗蝻发生情况调查记载表，见附录B中表B.7，汇总数据记入蝗蝻发生情况汇总表，见附录B中表B.8。

6.5　成虫期调查

6.5.1　调查时间

在成虫产卵盛期调查一次。

6.5.2　密度调查

按6.2的要求确定取样数量和调查方法，调查成虫虫口密度，结果记入成虫发生情况调查记载表，见附录B中表B.5，汇总数据记入成虫发生情况汇总表，见附录B中表B.9。

6.5.3　迁移调查

对草原蝗虫发生区进行观察，如发现迁移，结合气象数据严密监视种群的迁移路线和扩散地，记载迁入地害虫的分布面积及虫口密度，结果记入成虫发生情况汇总表，见附录B中表B.9。

6.6　天敌调查

6.6.1　调查时间

与蝗卵、蝗蝻和成虫调查同时进行。

6.6.2　调查内容

调查记载样点内的天敌种类、数量及蝗虫密度，结果记入蝗虫天敌调查表，见附录B中表B.10。

6.6.3　调查方法

每块样地随机选5点。卵捕食类和卵寄生类天敌或微生物调查，结合查卵，饲养观察。虫体寄生类天敌结合成虫密度调查时进行解剖检查；捕食性天敌和病原微生物采用样方调查法，每点查1m²；两栖类、爬行类采用目测法调查，每点查10m²；鸟类采用目测法调查，每点查1hm²。

7　调查数据汇总

根据卵、蝗蝻、成虫期虫情调查数据，填写蝗虫发生情况汇总表，见附录B中表B.11；汇总数据记入年度草原蝗虫发生情况汇总表，见附录B中表B.12。

附录A
（规范性附录）
草原蝗虫发生区域划分方法

A.1　划分原则

根据自然气候、地理特点与生态系统特征进行区域划分。以同源地貌类型及其所对应的温湿状况、优势生态系统，结合行政区划等因素，进行每种主要蝗虫的区划。

A.2　划分方法

省级及省级以下草原业务主管部门负责组织区划工作，以县级行政区划为基本统计单位，在1∶5万或1∶10万的地形图上勾画不同类型蝗区的范围；每个划定的区域均应填写对应的蝗区概况表，见附录A中表A1；每个蝗区均赋予唯一编号，编号由蝗区所在地的6位县级行政区划编码+2位类型编码+2位顺序编号组成，类型编码见附录A中表A2。

表A.1 蝗区概况表

蝗区编号	蝗区名称	蝗区类型	面积 (hm²)	拐点坐标 北纬 (°)	东经 (°)	海拔 (m)	草原类型 型	类	主要蝗虫种类	主要天敌种类	主要植物	平均盖度 (%)	草群高度 (cm)	地上生物量	地形	土壤质地	土壤类型	地表特征	水分条件	利用方式	利用状况	草场综合评价	载畜量 (羊单位)

表A.2 蝗区类型编码表

蝗区类型	类别编码	蝗区类型	类别编码
宜生区	YS	常发区	CF
偶发区	OF	核心区	HX
扩散区	KS		

A.3 蝗区划分资料所包含的内容

制作草原蝗虫发生区域划分的说明资料应包含如下内容:

A.3.1 封面

封面应按照附录A中图A.1的式样制作

_____（省、地区、县）草原蝗虫发生区划

制作单位_____（盖章）

通信地址_____

制作时间_____

图A.1 草原蝗虫发生区划封面示意图

A.3.2 基本情况介绍

基本情况介绍应包括地理位置与辖区面积、主要地形单元概况、气候特点、主要土壤类型、植被情况（草原类型、植物种类、覆盖度等）、水系、县级以下行政区划情况、社会经济情况等封面的内容。

A.3.3 蝗虫发生与防治的历史情况

描述草原蝗虫历史的发生区域、面积和为害情况；描述历史的防治情况，如防治区域、防治时间、防治药品药械种类、防治效果等。

A.3.4 蝗虫发生区域划分图

A.3.5 蝗区概况表

附录B
（规范性附录）
草原蝗虫调查资料表册

B.1 表册封面要求

制作草原蝗虫调查资料表册时参照图B.1草原蝗虫调查资料表册封面示意图的式样制作封面。

```
测报站名 _____（盖章）

站    址 _____

（北纬：_____ 东经：_____ 海拔：_____）

测 报 员 _____

负 责 人 _____
```

图B.1　草原蝗虫调查资料表册封面示意图

B.2　表格的选用

B.2.1　设立系统调查观察样地

设立系统调查观察样地时，应根据填写表B.13。

B.2.2　系统调查

每次进行系统调查时均应首先填写表B.14，然后根据工作内容填写相应的表格：卵期调查填写表B.1和表B.2，蝗蝻期调查应填写表B.3，成虫期调查应填写表B.4和表B.5。

B.2.3　区域普查

进行区域普查时，每块选取的样地均应首先填写表B.15，然后根据工作内容填写相应的表格：卵期调查填写表B.1和表B.6，蝗蝻期调查应填写表B.7和表B.8，成虫期调查应填写表B.5和表B.9。

B.3　表格式样

表B.1　蝗卵死亡率调查记载表

调查日期	样地编号	蝗虫种类	种类比例（%）	卵块数	总卵粒数	死亡粒数	死亡率（%）	卵死亡情况										备注
								死亡粒数					死亡率（%）					
								干瘪	霉烂	寄生	捕食	其他	干瘪	霉烂	寄生	捕食	其他	

表B.2　蝗卵胚胎发育进度调查表

调查日期	样地编号	蝗虫种类	检查活卵粒数	胚胎发育期								备注
				各发育期卵粒数				发育期比率（%）				
				原头期	胚转期	显节期	胚熟期	原头期	胚转期	显节期	胚熟期	

表B.3　蝗蝻龄比调查记载表

调查日期	样地编号	蝗虫种类	出土始期 __月__日	蝗蝻总头数	各龄蝗蝻头数						
					一龄	二龄	三龄	四龄	五龄		成虫

表B.4　蝗虫成虫雌雄比及产卵情况调查记载表

调查日期	样地编号	蝗虫种类	蝗虫总数	雌雄比及产卵情况				备注
				雌虫数（头）	雌虫率（%）	产卵虫数（头）	产卵虫率（%）	

表B.5　成虫发生情况调查记载表

调查日期	样地编号	样框编号	蝗虫种类	虫种比例（%）	虫口密度（头/m²）

表B.6　蝗卵发生情况汇总表

调查日期	蝗区名称	样地编号	样方数	卵块数	总卵粒数	死亡粒数	卵死亡率（%）	蝗区面积（hm²）

表B.7　蝗蝻发生情况调查记载表

调查日期	样点编号	样方编号	蝗虫种类	龄期	虫种比例	蝗区面积（hm²）	虫口密度（头/m²）

表B.8 蝗蝻发生情况汇总表

调查日期	样地编号	蝗虫种类	龄期	虫种比例（%）	蝗区面积（hm²）	样点数	超过防治指标点数	为害率（%）	平均密度（头/m²）	为害面积（hm²）			最高密度（头/m²）
										总面积	一般为害[a] >__头/m²	严重为害[b] >__头/m²	
合计	—	—	—	—				—	—				—

[a] "____"填写该种蝗虫或混合种群的造成为害时的虫口密度值。
[b] "____"填写该种蝗虫或混合种群的造成严重为害时的虫口密度值。

表B.9 成虫发生情况汇总表

调查日期	样地编号	蝗虫种类	蝗区面积（hm²）	样点数	残蝗点数	残蝗面积（hm²）			最高密度（头/m²）	备注
						总面积	一般为害[a] >__头/m²	严重为害[b] >__头/m²		
合计	—	—							—	

[a] "____"填写该种蝗虫或混合种群的造成为害时的虫口密度值。
[b] "____"填写该种蝗虫或混合种群的造成严重为害时的虫口密度值。

表B.10　蝗虫天敌调查表

调查日期	样地编号	调查面积(hm²)	捕食性天敌						寄生性天敌						蝗虫密度(头/m²)
			头/m²			只/hm²		卵捕食率(%)	寄生率(%)						
			步甲	蜘蛛	螽斯	鸟类	蜥蜴	芫菁	寄生菌类	寄生蝇类	卵寄生蜂	卵寄生虻			

表B.11　蝗虫发生情况汇总表

发生地点ª	主要蝗虫种类	历期	平均虫口密度(头/m²)	最高虫口密度(头/m²)	始盛期__月__日	发生面积(×10³hm²)		
						为害	严重为害	合计
ª 填写蝗区区划名称。								

表B.12　　年草原蝗虫预测及防治计划表

蝗虫种类	分布区域ª	为害面积(×10³hm²)	严重为害面积(×10³hm²)	备注
ª 填写蝗虫分布区域的行政区划名称。				

表B.13　系统调查观测样地登记表

行政区属			
行政区划代码		样地编号	
所在蝗区名称		所在蝗区编码	
样地设立日期		样地面积（hm²）	
样地位置（边界所有拐点坐标组）	经度（°）	纬度（°）	高程（m）
草原类			
草原型			
土壤类型			
地形地貌			
地表特征			
主要植物[a]			
蝗虫种类[b]			
天敌种类[B]			
利用方式		利用状况	
草场综合评价		载畜量（标准羊单位）	

表中记载项目的注释参见附录E和《草原资源与生态监测技术规程》（NY/T 1233—2006）的附录L。

[a] 主要植物：按每种植物的出现频度递减排序填写。

[b] 蝗虫种类：依调查结果和历年积累资料，按为害程度排序填写。

[B] 天敌种类：依调查结果和历年积累资料，罗列观测区域出现的节肢动物、爬行类、鸟类的名称。

表B.14　系统调查观测样地调查记录表

样地设立日期		样地编号	
测定日期		测定时间	
样点经度（°）		样点高程（m）	
样点纬度（°）		植被盖度（%）	
草群高度		地上生物量	
土壤质地		土壤类型	
坡向		坡位	
地形地貌			
地表特征			
草原类型			
主要植物			
蝗虫种类			
天敌种类			
草场综合评价			

注1：记载调查样点的实际观测数据，记录内容如与样地登记表相同可不填，数据汇总时使用登记表的记载内容。

注2：表中记载项目的注释参见附录E和《草原资源与生态监测技术规程》（NY/T 1233—2006）的附录L。

表B.15　区域普查样点记录表

样地编号		行政区划代码	
测定日期		测定时间	
样地经度（°）		高程（m）	
样地纬度（°）		植被盖度（%）	
草群高度（m）		地上生物量（g/m²）	
土壤质地		土壤类型	
坡向		坡位	
地形地貌			
地表特征			
草原类型			
主要植物			
害虫种类			
天敌种类			
代表面积（hm²）		草场综合评价	

注1：记载调查样点的实际观测数据。

注2：表中记载项目的注释参见附录E和《草原资源与生态监测技术规程》（NY/T 1233—2006）的附录L。

附录C
（资料性附录）
标准调查工具和标准调查方法

C.1 标准样框取样器

制作4片长1m、高0.5m的框架，框架间覆以纱网，将每2片框架在短边用合页或其他方式相接，形成可自由开合到90°的半框，两人各执1个半框对合可形成四周封闭的方框取样器。

C.2 样框取样法

利用标准样框取样器调查蝗虫种类密度的方法。两人操作取样器迅速对合罩下，可对框内蝗虫种类、数量等相关数据进行统计。调查小个体的蝗虫也可选择边长50cm的样框取样器取样，填写统计数据时换算成每平方米的量。

C.3 标准扫网

网口直径33cm，网袋网眼目数为40目，从网口至网底长66cm，手柄长1.0～1.3m。

C.4 扫网取样法

操作者以正常步幅逆风直线或折线行走，用标准扫网紧贴植被往复扫捕，每往复100网为一个记录单元，对网内蝗虫种类、数量、龄期等相关数据进行统计。

附录D
（资料性附录）
草原蝗虫产卵地识别

D.1 产卵地特征

草原蝗虫多产卵于土质较紧密的向阳坡地、山脚、路边；草丛、灌木基部的向阳背风面。

D.2 产卵地识别

可根据下面三种现象识别产卵地：有草原蝗虫交尾产卵现象；草场中可见蝗虫尸体、头壳或残肢，产卵地上土表有白色或褐色覆盖物，土内常有芫菁幼虫活动；轻刮、轻铲表层浮土，可见蝗虫卵囊上部露出。

附录E
（规范性附录）
草原蝗虫调查指标注释、统计及相关资料收集指标

E.1　行政区划名称和行政区划代码

按照GB/T 2260《中华人民共和国行政区划代码》的规范填写。

E.2　样地编号

E.2.1　系统调查观测样地编号

由6位县级行政区划编码+4位顺序编码组成，顺序编码范围9001～9999。

示例：内蒙古镶黄旗2号固定样地的编码为：1525289002。

E.2.2　区域普查样地编号

由6位县级行政区划编码+4位顺序编码组成，顺序编码范围从1～9 000，同日调查的样地号不得重复。

E.3　蝗区名称

填写样地所在蝗区的名称。

E.4　蝗区编码

填写样地所在蝗区的编码。

E.5　经度、纬度

按×××.××× ××× ××°填写，例：113.849 811 32°。

E.6　高程

以整数位填写海拔高度，单位为m。

E.7　植物名称

填写植物拉丁文名称及植物中文名称，以《中国植物志》为准；如已发行的卷册未收录，以最新版本的专业检索工具书为准。

E.8　蝗虫名称

填写蝗虫拉丁文名称及蝗虫中文名称，以《中国动物志》为准；如已发行的卷册未收录，以最新版本的专业检索工具书为准。

E.9　天敌名称

填写天敌拉丁文名称及中文名称，动物以《中国动物志》为准；微生物以最新版本的专业检索工具书为准。

图　版

图版4-1　西藏飞蝗成虫（王文峰　拍摄）

图版4-2　西藏飞蝗交配（王文峰　拍摄）

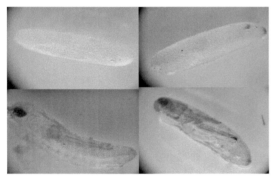

图版4-3　西藏飞蝗卵的孵化过程（王文峰　拍摄）

图版4-4　西藏飞蝗对青稞的为害情况
（王文峰　拍摄）

图版4-5　西藏飞蝗散居型（王文峰　拍摄）

图版4-6　西藏飞蝗产卵（王文峰　拍摄）

图版4-7 西藏飞蝗卵（王文峰 拍摄）

翅芽很小，不明显；前胸背板后缘呈直线

图版4-8 西藏飞蝗1龄蝗蝻（王文峰 拍摄）

翅芽稍现；前胸背板中隆线隆起、背板后缘呈直线略向后突出

图版4-9 西藏飞蝗2龄蝗蝻（王文峰 拍摄）

前胸背板后缘则明显向后延伸并掩盖中胸背面部分，此时背面部分后缘呈钝角。翅芽明显。

图版4-10 西藏飞蝗3龄蝗蝻（王文峰 拍摄）

前胸背板后缘进一步向后延伸掩盖着中、后胸背面部分，后缘角度进一步减小。翅芽伸达腹部第二节。

图版4-11 西藏飞蝗4龄蝗蝻（王文峰 拍摄）

前胸背板后缘进一步向后延伸掩盖着中、后胸背面部分，后缘角度进一步减小。翅芽伸达腹部第4、5腹节。

图版4-12 西藏飞蝗5龄蝗蝻（王文峰 拍摄）

图版4-13　亚洲飞蝗雄成虫背面观
（引自牙森·沙力）

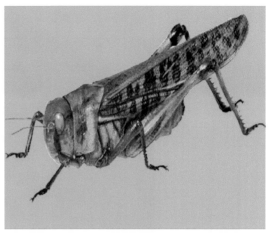

图版4-14　亚洲飞蝗雌成虫侧面观
（引自张泽华）

图版4-15　亚洲小车蝗成虫（刘朝阳　拍摄）

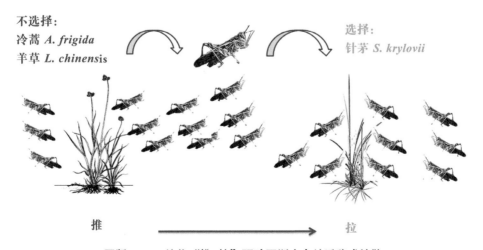

不选择：
冷蒿 *A. frigida*
羊草 *L. chinensis*

选择：
针茅 *S. krylovii*

推　　　　　　　　　　　　　　　　　拉

图版4-16　植物"推-拉"驱动亚洲小车蝗迁移或扩散

图版4-17 意大利蝗侧面观（高松 提供）

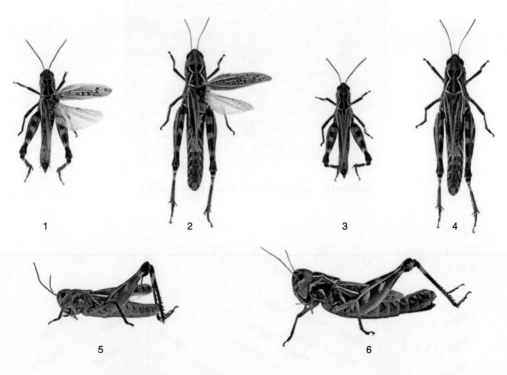

1—展翅图（雄性）；2—展翅图（雌性）；3—背面观（雄性）；
4—背面观（雌性）；5—侧面观（雄性）；6—侧面观（雌性）。

图版4-18 宽翅曲背蝗（王伟共 提供）

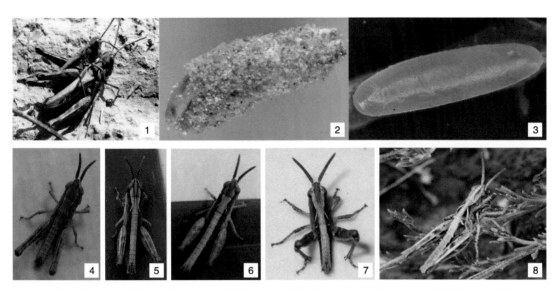

1—雄虫和雌虫；2—卵囊；3—卵；4—1龄若虫；5—2龄若虫；6—3龄若虫；7—4龄若虫；8—5龄若虫。

图版4-19　白纹雏蝗各虫态形态特征

（引自魏淑花等）

图版4-20　大垫尖翅蝗（上：雄性；下：雌性）（王小奇　提供）

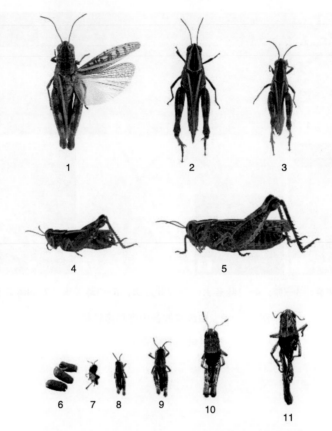

1—展翅图（雌性）；2—背面观（雌性）；3—背面观（雄性）；4—侧面观（雄性）；5—侧面观（雌性）；
6—卵；7—1龄若虫；8—2龄若虫；9—3龄若虫；10—4龄若虫；11—5龄若虫。

图版4-21　短星翅蝗（张卓然　提供）

图版4-22　黄胫小车蝗
（董辉　提供）

图版4-23　毛足棒角蝗（雄性）
（吴惠惠　提供）

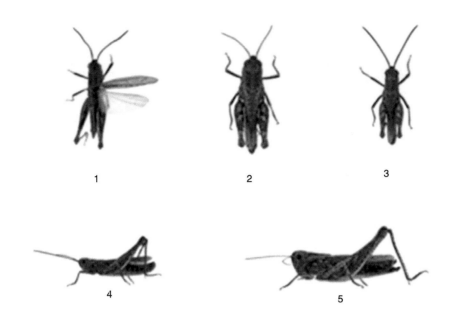

1—展翅图（雄性）；2—背面观（雌性）；3—背面观（雄性）；4—侧面观（雄性）；5—侧面观（雌性）。

图版4-24　狭翅雏蝗
（引自农业部畜牧业司、全国畜牧总站）

图版4-25　草原毛虫为害状（王文峰　拍摄）

图版4-26　草原毛虫3龄幼虫（王文峰　拍摄）

图版4-27　草原毛虫虫茧（王文峰　拍摄）

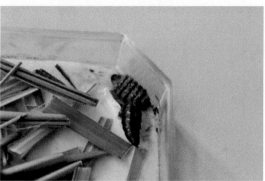

图版4-28　草原毛虫雌成虫（王文峰　拍摄）

图版4-29　草地螟成虫（引自中国草业网）

图版4-30　草地螟幼虫（引自中国草业网）

图版4-31　沙蒿金叶甲（高立原　拍摄）

图版4-32　白茨粗角萤叶甲
（引自《草原植保实用技术手册》）

图版4-33　白刺夜蛾为害状（常明　拍摄）

图版4-34　白刺夜蛾（常明　拍摄）

图版4-35　白刺夜蛾卵块（常明　拍摄）

图版4-36　白刺夜蛾幼虫（常明　拍摄）　　　图版4-37　苜蓿斑蚜有翅蚜（高立原　拍摄）

图版4-38　豌豆蚜红色型和绿色型（高立原　拍摄）

图版4-39　苜蓿无网蚜（高立原　拍摄）　　　图版4-40　豆蚜（高立原　拍摄）

1—成虫；2—田间为害。

图版4-41　花蓟马成虫及田间为害（1.引自胡桂馨；2.引自贺春贵）

图版4-42　烟蓟马成虫（引自胡桂馨）

图版4-43　中华豆芫菁（雄性）（高立原　拍摄）　　　图版4-44　绿芫菁（高立原　拍摄）

图版4-45 苹斑芫菁（高立原 拍摄）

图版4-46 蒙古斑芫菁（高立原 拍摄）

图版4-47 巨膜长蝽（高立原 拍摄）